杭州市哲学社会科学规划课题成果

杭州市打造"低碳城市"的模式选择与发展策略研究

沈月琴　周隽　朱臻　等著

U0250654

中国林业出版社

图书在版编目(CIP)数据

杭州市打造"低碳城市"的模式选择与发展策略研究/沈月琴,周隽,朱臻著.
—北京:中国林业出版社,2012.5
ISBN 978-7-5038-6624-1

Ⅰ.①杭… Ⅱ.①沈… ②周… ③朱… Ⅲ.①城市—节能—研究—杭州市
Ⅳ.①TK01.

中国版本图书馆 CIP 数据核字(2012)第 112822 号

出版 中国林业出版社(100009 北京市西城区刘海胡同 7 号)
网址 http://lycb.forestry.gov.cn
E-mail forestbook@163.com 电话 010 - 83228427
发行 中国林业出版社
印刷 北京北林印刷厂
版次 2012 年 5 月第 1 版
印次 2012 年 5 月第 1 次
开本 880mm×1230mm 1/32
印张 6.875
字数 208 千字
印数 1～1000 册
定价 40.00 元

《杭州市打造"低碳城市"的模式选择与发展策略研究》

著者名单

沈月琴　周　隽　朱　臻　吴伟光
顾　蕾　王志强　王　枫　高德健
吕秋菊　姜　洋　汪浙锋　王　静

全球气候变化已深刻影响着人类的生存和发展，国际社会高度关注，不断探索和纷纷采取应对措施。在诸多应对举措中，旨在降低人类活动造成的碳排放的"低碳"发展模式在世界范围内得到普遍的认同，并成为新时期人类发展的目标。城市是世界各国人口及社会经济的汇集地，城市的碳排放量占全球碳排放总量的75%，在低碳发展中举足轻重。中国史无前例的城市化进程所带来的大规模能源消耗、资源开发、城市建设对生态环境造成了强烈和持久的影响。因此，探索可持续的城市发展战略已成为实现我国经济、社会和环境发展的核心问题。打造低碳城市成为解决当前问题的迫切需要，为中国城市发展带来了新的契机。

东部沿海发达地区浙江省省会杭州市是我国先行发展起来的城市之一，有能力、有责任也有必要率先探索和实践低碳发展模式，以期为其他城市提供借鉴和示范。然而，低碳城市建设是一项涉及经济、社会、人口、资源、环境等多领域的复杂系统工程，在国内外都是一个新生事物，没有一个标准的模式或者成功的模板以资借鉴。杭州市应选择何种发展模式和哪些发展策略来建设低碳城市，成为摆在研究者面前颇具挑战性的创新课题。

令人欣喜的是，《杭州市打造低碳城市的模式选择与发展策略》一书得以出版，该著作是在著者历经两年多的深入研究后，对上述命题作出科学回答的一种探索。该书以杭州市为研究对象，围绕"杭州市打造低碳城市的模式选择与发展策略"主线逐层演绎，分别从理论篇和案例篇两个维度进行。理论篇梳理了全球气候变化的相关背景，综述了国内外低碳城市发展的相关理论进展和实践，结合杭州市实际进行了SWOT－PEST和利益相关者分析，测度并预测了杭州市的碳排放情况，并提出了杭州市打造低碳城市的发展模式和策略。案例篇挖掘和提炼了杭州市现有与低碳城市发展相关的典型案例和亮点。

细读此书，不难发现作者严谨的科学态度和敢于开拓的进取精神，专著呈现出如下特点。①思路清晰。沿着"问题与机遇剖析（SWOT 分析）——影响因素分析（利益相关者）——发展模式——发展策略"的研究思路，层层递进，不断深入，逻辑缜密，思路清晰；②观点新颖。分别从减少碳源和增加碳汇两方面入手，设计了"一个目标、两个途径、多个核心"的全方位立体环绕式综合"低碳社会"发展模式，并从生产、消费、城市森林碳汇等多个角度进行探讨，提出了具有杭州特色的六大发展策略；③方法综合。综合运用 SWOT – PEST、利益相关者、IPCC 温室气体清单、组合预测模型等多种有效方法对杭州市发展状况进行了全面分析和综合评价，方法先进科学，综合性强；④资料翔实。基于杭州市打造低碳城市的利益相关主体，进行了 3 次较大规模的公众调查和 1 次森林经营者调查，多个职能部门和多种类型企业的实地调研，掌握了丰富的一手和二手资料，资料丰富翔实，论据充分、可靠性强；⑤特色鲜明。挖掘了杭州市在各重点领域的亮点和特色案例，包括世界闻名的免费公共自行车、国内领先的低碳社区，多类型特色低碳企业和临安森林碳汇（含全国首个毛竹林碳汇造林项目），为全国低碳经济和低碳城市的发展提供了样板。

综上所述，本书的出版丰富了低碳城市发展研究的内涵，必将推动低碳城市发展研究不断深入，具有重要的理论价值；同时，也为政府职能部门制定相关决策和推动中国低碳城市建设实践提供了决策依据，具有鲜明的实践指导意义。诚然，低碳城市研究是一个快速发展的崭新命题，期待本书作者继续深化并不断拓展研究领域，不断推出更多更好的成果，也期待有更多的学者加盟、参与并推动中国低碳城市发展领域的研究。

浙江农林大学校长 周国模

2012 年 3 月

内容摘要

　　全球气候变化是 21 世纪人类所面临的最严峻挑战之一，国际社会高度重视并积极采取各种应对措施，其中"低碳"发展模式获得了普遍认同。城市既是国家社会、政治、经济、文化的核心载体，也是高消耗、高污染、高排放的集中地，无疑成为低碳发展的重点和关键。我国正处于经济社会快速发展、城市化进程不断加速、碳排放总量日趋增长的重要时期，发展低碳城市意义深远，势在必行。

　　作为东部发达省份浙江省省会城市的杭州市城市化进程稳步推进，2011 年城市化率达到 51.27%，城镇人口首超农村，工业化水平较高，已跻身于"中上等"发达地区行列。但是，杭州在向高收入水平迈进中受到传统发展模式的制约，当前正处于关键的转型升级时期，因此打造低碳城市是必然选择和明智之举，也是未来发展的动力所在。

　　本书以杭州市为研究对象，围绕"杭州市打造低碳城市的模式选择与发展策略研究"主线逐层展开，探讨了杭州市打造低碳城市的背景、模式以及策略。全书 9 个章节分为两大部分，前 6 章是第一部分，即理论篇，后 3 章是第二部分，即案例篇。

　　理论篇梳理了全球气候变化的相关背景，综述了国内外低碳城市发展的相关理论进展和实践，结合杭州市实际进行了 SWOT - Pest 和利益相关者分析，测度并预测了杭州市的碳排放情况。在上述研究基础上提出了杭州市打造低碳城市的发展模式和策略。案例篇挖掘和提炼了杭州市现有与低碳城市发展相关的典型案例和亮点。各章节的研究内容与结论如下：

　　第 1 章梳理了全球气候变化及其应对措施的相关背景，扼要介绍了杭州市概况（自然资源条件与社会经济条件）以及本书的研究目标、内容、研究思路，遵循参与性诊断——参与性设计的逻辑框架介绍了采用的主要研究方法。

第2章综述了国内外低碳城市发展的相关理论进展和实践，阐述了低碳经济、森林碳汇与低碳城市建设的内在逻辑联系，依次归纳了其特征和研究进展，重点切入低碳经济和低碳城市的发展策略、政策以及发展评价，并对国内外低碳城市发展实践模式进行了分类总结，可为杭州市乃至我国低碳城市发展模式的研究提供借鉴与启示。

第3章运用 SWOT – PEST 分析方法对杭州市打造低碳城市的内部优势和劣势、外部机遇和挑战进行系统分析，据此提出 SWOT 策略，为后续研究提供基础铺垫。探讨了杭州市作为一个经济比较发达而能源极度匮乏的城市，生态环境良好、工业化、城市化进程不断加速的国际旅游之都，在现阶段是否具备了打造低碳城市的基础，其必要性和可行性如何。

第4章在对利益相关者概念和分类进行阐述的基础上，基于米切尔分类法界定了杭州市打造低碳城市的利益相关主体，主要包括政府、企业、森林经营者、公众等。通过政府、企业关键信息人访谈、森林经营者、公众问卷调查等大量实地调研对上述主要利益相关主体展开研究，分别探讨了各类主体对杭州市打造低碳城市的认知、作用和需求意愿。以公众为例，一次杭州市公众调研得知有 60.54% 的公众知道杭州市正在打造低碳城市，信息来源渠道主要是新闻媒介，94.22% 的公众表示杭州市打造低碳城市有必要。森林经营者参与低碳城市建设的主要作用是参与碳汇林的经营，调查得知 84.17% 的受访农户对于碳汇交易持支持态度。Logisitic 计量模型结果表明，农户受教育水平越高，家庭劳动力越多，对森林改善生态环境的功能认识越强，越倾向于参与森林碳汇交易。而林地面积越大，越不愿意参与碳汇林的经营。

第5章探讨了杭州市低碳城市发展模式的选择。首先依据 IPCC 温室气体清单方法，对杭州市 2000～2010 年碳排放量进行了测度，利用 GM(1, 1) 和 ARIMA(1, 2, 1) 的组合预测模型，预测了杭州市未来几年的碳排放量和排放强度走向，并分析了杭州市碳排放的主要影响因素。研究表明杭州市已基本具备了综合型"低碳社会"模式的条件和一定的实践基础，据此提出"一个目标、两大途径、多个核心"的全方位立体环绕式综合"低碳社会"发展模式。"一个目标"是低碳发展目标，重点在低碳，目的在发展。"两大途径"指尽可能减少碳源，增加碳汇，两大途径最终都是促进绝对碳排放量的减少，而要实现杭州市低碳发展目标，则需要从工业、建筑、交通、消费、森林碳汇等多个核心领域入手。本章围绕低碳生产模式、低碳消费模式、森林碳汇模式的选择依据、主要建设内容和相关政策建议展开论述。

第6章提出了杭州市打造低碳城市的发展策略。低碳城市发展是一项复杂的系统工程，为了实现杭州市综合"低碳社会"发展模式，需要从多维度设计其发展策略。本研究立足杭州市实际情况，充分挖掘杭州市特色，提出杭州市打造低碳城市应重点采取以下六大发展策略，即提升现代服务业与建立清洁生产相结合，发展特色低碳产业；推进城市能源结构调整，实现优质清洁能源的综合利用；构建立体式多功能城市生态系统，建设"清凉杭州"；建设低碳示范社区和低碳教育载体，引导低碳消费；构建"五位一体"交通体系，促进低碳交通消费；发展绿色建筑，实现和推广城市建筑低碳化。

第7章即案例篇第1章集中探讨了低碳生产模式案例，从案例企业所处的产业类型，采用的低碳技术，企业规模多样性角度出发选择了五类典型企业。调查企业涉及新能源产业与节能减排领域，新能源产业包括电动汽车和太阳能光伏企业，节能减排企业包括余热发电、废物综合利用等。对五家企业的概况、低碳项目背景、成效、存在的问题、发展前景进行了介绍，从政策扶持、企业意识、公众认知和需求意愿多个角度探讨了各项目实施现状以及发展潜力。并最终由点及面归纳和引申出杭州低碳生产发展模式的重要启示和经验借鉴。

第8章是低碳消费模式的案例研究，选择了杭州市世界闻名的免费公共自行车和国内领先的低碳社区案例。分别介绍了两个特色案例的实施背景、运营模式、实施成效及社会评价。公共自行车交通系统已成为杭州市打造低碳城市的重要手段，它不仅改变了广大市民的出行消费方式，也改变了整个城市的发展模式，同时为国内外其他低碳城市建设提供示范效应，已成为杭州市一张声名远播的城市名片。低碳示范社区——下城区作为杭州市的一个缩影，低碳实践涉及方方面面，市民作为城市社区生产消费活动的主体，从其生活消费模式角度探讨低碳社区建设有很大的必要性和现实性，同时也是低碳社区建设的主要切入点，该案例集中探讨了低碳社区建设和管理对市民生活、工作和消费的影响。

第9章介绍和讨论了森林碳汇模式的相关案例。森林碳汇无疑是应对气候变化的重要举措，但鉴于其实施的复杂性和不确定性等因素，国际社会对其态度经历了从谨慎到开放的转变，反映了该模式的不可替代性与巨大优越性，预示着森林碳汇发展的巨大前景。本章重点介绍了临安森林碳汇模式和全国首个毛竹林碳汇造林项目实施的背景、运营情况、收益情况及存在的问题，深入探讨了影响森林碳汇模式选择的因素。研究认为杭州市森林碳汇发展要做到政府重视，科学规划；市场运作，多方支持；广泛宣传，多方参与。

Abstract

The global climate change is one of the most serious challenges that being faced in the 21st century for human, it has been paid more attention for all over the world. Among all the responses to climate change, the "low – carbon" development has gained widespread appreciated. City is not only the core of country's social, political, economic and cultural, but also the location for high consumption, pollution and emission. It undoubtedly becomes the key point of the low – carbon development. China is in the important period which the economy and society develops rapidly; the process of urbanization accelerates constantly and carbon emissions gross increase gradually. Therefore, it's meaningful and necessary to develop the low – carbon city.

As the Zhejiang provincial capital city in the developed eastern provinces, the process of Hangzhou city's urbanization progresses steadily. The urbanization rate is 51.27% in 2011; the urban population firstly exceeds the rural areas and the high level of industrialization has made Hangzhou to be the middle and upper ranks in developed areas. However, It is constrained by the traditional development model on the way to the high income level and a critical period of transition has coming, so it's an inevitable and wise choice, also, the driving force of future development for building the low – carbon city in Hangzhou.

This book takes the Hangzhou city as the case study, and rounds the main idea "research on the model choice and development strategies of building the low – carbon city in Hangzhou" to discuss the backgrounds, patterns, and strategies of Hangzhou to build the low – carbon city. The nine chapters in this book divide into two parts; first six chapters are the first part, which is the theoretical part; the last three chapters are the second part, which is the case part.

The theoretical partcombed the relative background of global climate change, and reviewed the related theoretical progress and practices of low – carbon city development in domestic and overseas. According to the statu quo of Hangzhou, iut made SWOT – PEST and stakeholder analysis to measure and predict the carbon emissions situation of Hangzhou . On the basis of the above study, it put forward the development models and strategies of Hangzhou to build low – carbon city. The case part excavated and refined Hangzhou's current typical cases which related with low – carbon city development. The research content and conclusion of each chapter is as follows:

Chapter 1 combed the relevant background of global climate change and the responses, briefly overviewed the statu quo of Hangzhou (conditions of natural resources and socio – economic) and the research object, content and ideas of this book. It Keep the research framework of the participation diagnosis—design to introduce the main research methods.

Chapter 2 reviewed the related theoretical progress and practices of low – carbon city development in domestic and overseas, and explained the inner logical relation among low – carbon economy, forest carbon sequestration and the construction of low – carbon city; successively summarized its characteristics and research progress, and focused on the development strategies, policies and evaluation about low – carbon economy and low – carbon city. Moreover, it classified and summarized the low – carbon city's development practice models in domestic and overseas, provided reference and enlightenment for low – carbon city's development model of Hangzhou, even the whole country.

Chapter 3 used the SWOT – PEST analysis method to systematically analyze the internal strengths, weaknesses, and external opportunities and challenges of Hangzhou to build the low – carbon city, and then proposed the SWOT strategies to provide a basis for the further study. It discussed that as a city with relatively developed economy but extremely short energy and a international tourism metropolis with good ecological environment, accelerating process of industrialization and urbanization, whether Hangzhou has the basis to build the low – carbon city at current stage, and its necessity and feasibility.

On the basis of the concept and classification of stakeholders, chapter 4 defined the stakeholders of building low – carbon city in Hangzhou city by Mitchell classification method, mainly including government, enterprise, forest operators and the public, etc. It discussed the stakeholders respectively based on a large number of field interviewes on governmentand key information people in enterprise, forest operators and the public survey, argued each stakeholder's recognition, role, need and will for building low – carbon city in Hangzhou. Taking the public as example, from public survey in Hangzhou, 60.54% of public people knew that Hangzhou is building the low – carbon city, and the main information source channel is through news media; 94.22% of public people showed that it is essential for Hangzhou to build the low – carbon city. The main role for forest operators involved in the construction of low – carbon city is to participated in the forest management for carbon sequestration. According to the survey, 84.17% of the farmers supported the carbon sequestration trading. The results of logistic econometric model showed that the higher level of farmers' education, the more family labors, the stronger awareness of the forest's function on improving the ecological environment, more willingness to participate in forest carbon sequestration trading. While the larger woodland area, more unwillingness to participate in operating the carbon sequestration forest.

Chapter 5 discussed the choices of the low – carbon city's development model in Hangzhou. Firstly, based on the IPCC greenhouse gas inventory method, it measured hangzhou's carbon emission from the year of 2000 to 2010; also, it take use of combination forecasting model of GM (1, 1) and ARIMA (1, 2, 1) to predict Hangzhou city's trend of carbon emissions load and emission intensity in the next few years, and analyzed the main factors that influence the carbon emissions in Hangzhou city. The research showed that Hangzhou city has basically possessed the conditions of comprehensive "low – carbon society" model and the certain basis of practice. Therefore, it proposed the Omni three – dimensional surround comprehensive "low – carbon society" development model of "A Target, Two Main Ways, Multiple Cores". "A Target" is the goal of low – carbon development, the key point lies in low – carbon, and the aim lies in development. "Two Main Ways" refered to decrease the carbon source as far as possible and increase carbon sequestration; the two main ways eventually promoted the reduction of the absolute carbon emissions. To achieve Hangzhou's low – carbon development goals, it need to proceed from multiple core areas such as industry, construction, transportation, consumption, forest carbon sequestration etc. This part argued the choice basis, main construction content and some suggestions according to the low – carbon production, low – carbon consumption and foreat carbon sequeatration model.

Chapter 6 proposed the development strategies to build the low – carbon city in Hangzhou. The development of low – carbon city is a complex systematic project. In order to realize the "low – carbon society" development model of Hangzhou, it need to design its development strategies from multiple dimensions. This study is based on statu quo of Hangzhou; it fully excavated its unique features; proposed to take the following six development strategies on building the low – carbon city in Hangzhou. They are the combination of improving the modern service industry and the establishment of cleaning production; development of the characteristic low – carbon industries; promote the adjustment of urban energy structure to realize the comprehensive utilization of high – quality clean energy; construct the stereo metric and multifunctional urban ecosystem to develop "Cool Hangzhou"; construct the low – carbon demonstration community and low – carbon education carrier to conduct "five in one" transportation system to promote the low – carbon transportation consumption; develop the green buildings to achieve and extend the low – carbonization of urban buildings.

Chapter 7 is the case part, which focused on the case of low – carbon production model. It chose five typical enterprises from the industry types, the low – carbon technology which were applied, the diversity aspects of enterprise scale. The enterprise investigation involved the new energy industry, energy conservation and emission reduction. The new energy industry included electric cars and solar photovoltaic industry; the energy conservation and emission reduction enterprise included cogeneration, waste comprehensive utilization and so on. This chapter introduced five enterprises' general situation, background, effect, problems and prospec of their low – carbon project. It discussed each project's implementation current situation and potential from multi fields such as policy supporting, enterprise awareness, public recognition, need and willingness. Finally it summarized the important inspiration and experiences about the development model of Hangzhou low – carbon production.

Chapter 8 is the case research of the low – carbon consumption model. This chapter chose Hangzhou's world famous free public bicycle and low – carbon community as cases. It described these two characteristic cases' implementation background, operation model, effects and social evaluation respectively. The public bicycle transportation system has become an important way to build the low – carbon city in Hangzhou. It not only changed the general public people's travel consumption way but also changed the whole city's development model. At the same time, it provided the demonstration effect for the construction of other low – carbon cities in domestic and overseas, and has become one popular city's name card in Hangzhou. The low – carbon demonstration community – Xiacheng area, as a microcosm of Hangzhou city, the low carbon practice in this community involved all aspects. As the subject of city's production and consumption activities, it is very necessary to discuss low – carbon city construction from the view of the citizens' lives and consumption. Meanwhile, it is also the main point of the low – carbon city construction. This case mainly explored the impacts on citizen's lives, work and consumption from low – carbon community construction and management.

Chapter 9 introduced and discussed some relevant cases of forest carbon sequestration model. There is no doubt that the forest carbon sequestration is an important measure to deal with the climate change. However, in the view of its implementation's complexity and uncertainties and other factors, the international community shifted its attitude from curiosity to openness, which reflected the non – substitutability and huge superiority of this mode , and indicating the tremendous prospects of development about forest carbon sequestration. This chapter mainly introduced Lin 'an ' s forest carbon sequestration model and the implementation background, operating situation, earnings, and the problems of the first bamboo carbon sequestration forestation in China, it made deeply studies on the factors that influencing the choice of forest carbon sequestration model. The study considered the development of Hangzhou forest carbon sequestration should be attracted government's high attention, make scientific planning; build market operating and multiple support and involvement mechanism; get widely supported from public.

目　录

理论篇

Contents

Theories

Case Studies

理论篇

1 导 言

1.1 研究背景和意义

1.1.1 全球气候变化下低碳发展成为国际社会的共同选择

以变暖为主要特征的全球气候变化问题已成为世界各国当今面临的生态问题之首。作为评估气候变化权威的联合国政府间气候变化专门委员会(IPCC)，分别在1990、1995、2001和2007年发表了4份全球气候评估报告，成为全世界研究气候变化的科学依据。在这四份报告中都指出了全球变暖是一个不可否认的事实。在2007年的第4份全球气候评估报告中指出：气候变暖已经是"毫无争议"的事实，人为活动"很可能"是导致气候变暖的主要原因，这里的"很可能"表示90%以上的可能性，特别是源于化石燃料的使用和毁林造成的温室气体排放。这种全球变暖对自然系统和社会经济已经产生了非常显著的影响。全球气候变化已从科学问题过渡到国际政治问题，现在开始向国际经济问题发展，并逐渐演化为综合性的国际发展问题，渗透到经济活动、政策法规和社会大众心理的各个层面，气候变化已越来越体现出一些新的发展趋势，已成为21世纪人类所面临的最严峻挑战之一。

作为国际政治问题，围绕温室气体排放，从20世纪90年代开始，国际谈判中的争论就始终没有停止过，并且还将长期持续下去。国际社会相继通过的《联合国气候变化框架公约》和《京都议定书》，基本反映了各利益相关方的实际责任和义务。在2007年底召开的联合国气候大会上通过的"巴厘路线图"中，把解决减缓、适应气候变化、技术转让和资金机制等四方面内容同时列入谈判的议程，并且希望把发展中国家在国内采取的适当的"可测量、可报告、可核实"的减缓气候变化行动与发达国家能够提供的"可测量、可报告、可核实"的技术转让和资金支持联系起来。2009年底在哥本哈根召开的联合国气候变化大会最终确定的全球长期升温幅度或温室气体稳定浓度以及中长期温室气体减排目标是一个政治决定和各方妥协的结果，将对今后的气候保护、经济增长，甚至国际战略竞争格局产生深远影响。2011 年底的德班会议坚持了"共同但有区别的责任"原则，就发展中国家最为关心的《京都议定书》第二承诺期问题作出了安排并启动了绿色气候基金，在《坎昆协议》基础上进一步明确和细化了适应、技术、能力建设和透明度的机制安排，深入讨论了 2020 年后进一步加强公约实施的安排，并明确了相关进程，向国际社会发出积极信号。

作为应对气候变化的基本途径，低碳发展战略正取得全球越来越多的国家认同。自 2003 年英国首次提出发展低碳经济战略，世界各国均给予了积极的评价，并采取了相似的战略。日本则提出要打造全世界第一个"低碳社会"，这一设想在日本出台的《低碳社会模式及其可行性研究》和《低碳社会规划行动方案》两个文件中有所体现。美国提出通过"设定碳排放上限和交易制度"来控制温室气体排放，欧盟依据国内立法采取强制减排行动。显然，低碳发展已经远远超出了"生态话题"，而成为关乎各国经济长远发展的"政治议题"。有专家甚至预言，低碳经济会像工业革命那样改变世界经济发展的格局。

1.1.2 低碳发展模式是中国经济政治发展的必然选择

中国经济总量大、发展速度快，根据国际能源机构（IEA）的统计数据，中国二氧化碳排放总量已经超过美国位居世界第一，已成为气候变化国际谈判中关注的焦点之一，未来面临的减排压力很大。积极采取有效应对措施有利于树立中国负责任的大国形象和掌握未来谈判的主动权，也是中国经济发展模式转变的内在要求和实现经济社会可持续发展的必由之路，因此尽早发展低碳模式是中国政府的必然选择和明智之举。当前中国政府已将"低碳"发展模式上升到国家战略高度。中国政府于 2006 年首次提出发展低碳经济以应对气候变化，科技部、中国气象局、发改委、国家环保总局等六部委联合发布了我国第一部《气候变化国家评估报告》。2007 年 9 月 8 日，国家主席胡锦涛在亚太经合组织（APEC）第 15 次领导人会议上明确主张："发展低碳经济"、研发和推广"低碳能源技术"、"增加碳汇"、"促进碳吸收技术发展"。2009 年 9 月 22 日，国家主席胡锦涛在联合国气候峰会中提到"争取到 2020 年单位国内生产总值二氧化碳排放比 2005 年有显著下降，2020 年非化石能源占一次能源消费比重达到 15% 左右"。2011 年 11 月国务院通过"十二五"控制温室气体排放方案，会议指出到2015年实现单位国内生产总值二氧化碳排放比2010年下降17%的目标。日趋明确具体的措施充分证明了我国通过节能减排，增加森林碳汇，减少温室气体排放，发展低碳经济的决心。低碳经济既是后危机时代的产物也是中国可持续发展的机遇，中国必须改变目前的经济发展模式、对自然资源索取的方式以及人们生活习惯和思维方式，这些都是革命性的转变，而且，降低二氧化碳排放强度一旦成为强制性目标，将给中国的经济增长模式带来根本性的转变，低碳经济将真正走进中国人的生活。

1.1.3 低碳发展的核心和主体是低碳城市建设

城市不仅是地区经济发展和社会发展的核心单元，也是高耗能、高碳排放的集中地，城市无疑是低碳发展的重点和难点。世界城市化发展呈现S型曲线发展，城市化发展进程可以分为三个阶段(图1.1)，即初期阶段、加速阶段和后期阶段。①初期阶段。城市化水平较低，发展较慢；②中期阶段。人口向城市迅速聚集，城市推进很快。随着人口和产业向城市集中，市区出现劳动力过剩、交通拥挤、住房紧张、环境恶化等问题。小汽车普及后，许多人和企业开始迁往郊区，出现郊区城市化现象；③后期阶段。城市化水平比较高，城市人口比重增长趋缓甚至停滞。在有些地区，城市化地域不断向农村推进，一些大城市的人口和工商业迁往离城市更远的农村或者小城镇，使整个大城市人口减少，出现逆城市化现象。

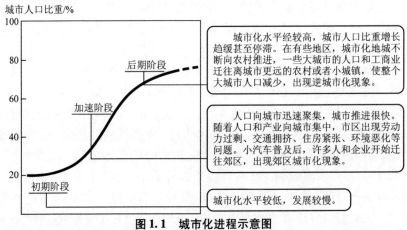

图1.1 城市化进程示意图

联合国人类住区规划署最新发表的《城市与气候变化：2011 全球人类住区报告》指出，尽管城市只占地球表面面积的 2%，却容纳了 50% 以上的人口生活在城市，温室气体排放占总量的 70%。城市中温室气体的排放不仅来源于生产环节，同时城市的消费也是温室气体的重要来源。1950~2011 年，全球城市人口增长了 5 倍，2010~2020 年，全球人口增长的 95% 将是城市居民。城市既是一个人口密集、经济发达、活动频繁、交通拥挤、财富集中的庞大有机体，也是当今世界最大的污染者。作为人类社会经济活动的中心，城市具有强大的资源调动力和影响力，因此，城市是低碳经济发展的关键平台，低碳城市建设是发展低碳经济的核心和主体。根据联合国最新报告，在 2025 年之前，将新增 8 个千万人口城市，达到 27 个。预计到 2050 年，生活在城市中的人口将达到 64 亿。预计 2050 年的全球总人口将从目前的 67 亿增长到 92 亿。在欧洲、北美和大洋洲这几个世界最发达的地区，城市人口数量远超农村人口，拉美地区和加勒比海地区也是如此。只有非洲和亚洲以农村人口居多，但全球大部分人口都生活在这两个地区。随着城市化程度的提高，全球农村人口总量预计将在大约 10 年内开始下降，到 2050 年估计会从 2007 年的 34 亿降低到 28 亿。根据报道，在 2045 到 2050 年间，非洲人口的一半将成为城市居民，而亚洲会在 2020 到 2025 年间达到这个水平。印度 2008 年底只有 29% 的城市人口，但是到 2050 年印度的城市居民将占总人口的 55%。

中国城市化进程发展迅速。2011 年，中国城市化率为 51.27%，城镇人口首超农村。虽然与中等收入国家（61%）、高收入国家（78%）存在很大差距，但是中国正处于城市化加速进行的过程中，预计 2020 年中国城市化水平将超过 60%，进入中等收入国家行列，到 2050 年会提高到 75% 左右，基本步入发达国家行列。与发达国家相同的是在中国城市化进程中必然伴随着能源消耗急剧增加，主要表现在：①建筑和交通是城市能源消耗增长的主要领域，中国城镇建筑以每年 10 亿平方米的速度增加。机动车保有量快速增加，2011 年底已达到 2.25 亿辆，许多城市已进入汽车社会。②城市化进程往往与工业化进程相伴而生，中国目前仍处于工业化中期，以高耗能产业为主的经济快速增长仍将持续相当长的时期，呈现高能源消费，高排放的特征。③每年近千万人口从农村转移到城市，也使城市能源消耗总量不断增加。与发达国家不同的是中国城市化进程面临着气候变化、能源稀缺等诸多全球化的挑战，具体表现在：①能源超常利用的压力；②人口和就业等社会保障体系的压力；③生态环境改善和基础设施配套的压力。基于这种发展背景，应对能源和环境问题，中国只有选择由高碳向低碳的转型中继续推进城市化进程，因此，发展低碳城市势在必行。

1.1.4 杭州市打造低碳城市意义深远

作为东部沿海发达地区浙江省的省会，杭州市经济水平和城市化水平较高，正处在工业化、城市化和国际化的关键阶段，打造低碳城市是保障杭州市能源安全的主动选择，是实现节能减排、转变发展方式的积极举措，是寻求新经济增长点的内在要求，是提升杭州市国际影响力的重要途径。

（1）保障杭州市能源安全的主动选择。国家发改委相关资料显示，2010 年中国单位国内生产总值能耗是世界平均水平的 2.2 倍，主要矿产资源对外依存度逐年提高，石油、铁矿石等资源对外依存度均已超过50%。杭州市能源资源更是极度匮乏，主要表现为"无油、缺煤、少电"，能源对外依存度非常高，自供率约为 3%。且随着社会经济的快速发展，杭州市的能源消费总量持续上升。2010 年全社会综合能源消费总量（等价值）为 4045.44 万吨标准煤，消耗电力 521.93 亿千瓦时，消费的能源几乎全部依靠外地调入，且远离一次能源的主要生产基地。由此可见，杭州市的能源供需矛盾非常突出，严重威胁到杭州市的能源安全。因此，在未来发展道路的选择上，杭州市必须走低碳发展之路才能从根本上缓解能源压力，保障能源安全。

（2）实现节能减排、转变发展方式的积极举措。长期以来，杭州市工业能源消费主要以煤炭为主，2010 年全市规模以上工业企业能源消费结构中，煤炭占 55.31%，油品占 12.20%，电力占 18.65%，热力占13.84%。2000 年至 2010 年，工业能源消费量折标准煤用量从 883.79万吨增加至 2188.77 万吨，能源消费总量的增加势必引起碳排放量的增长，加上天然气、石油制品等优质清洁能源比例偏低，使得碳排放量总体呈现上升的趋势。在"十二五"期间我国提出"要把应对气候变化、降低二氧化碳排放强度纳入国民经济和社会发展规划"，预示着"节能减排"的内涵发生拓展,"减碳"也将受到关注。对比了杭州市与其他城市和国家的 CO_2 年排放量,可以看出,尽管杭州市 CO_2 排放量低于北京和上海,但是人均排放量高于北京和日本,是国内人均值的 2.39 倍,杭州市面临的压力越来越大。打造低碳城市有助于节能减排,转变相对粗放的发展方式,对于杭州市实现清洁发展、构建环境友好型社会具有重要意义。

表 1.1 2006 年国家及城市 CO_2 年排放量的比较

国家或城市	CO_2 年排放量/万吨	人均 CO_2 年排放量/吨
中国	541587.2	4.12
美国	569677.5	19.06
日本	121244.2	9.49
上海	21982.0	12.11
北京	14465.1	9.15
杭州	6548.7	9.83

资料来源:诸大建,陈飞. 上海建设低碳经济型城市的研究. 同济大学出版社,杭州市统计年鉴,2007.

(3)寻求新经济增长点的内在要求。低碳城市建设将催生新的能源革命、新的产业革命和新的生活方式革命。有专家预言,未来城市的发展将在"低碳"这个新的游戏规则下重新洗牌。作为一个新的经济增长点,低碳经济会带来许多重大投资机会,比如高能效的交通、建筑、电力、工业等方面。此外,根据《京都议定书》提出的三种减碳机制——共同减量、清洁发展机制、排放交易,碳交易的市场潜力巨大。碳基金也将是未来庞大的产业,低碳产品和低碳服务市场都非常有前景。既然杭州市原有的高能耗经济发展模式遇到了难以克服的阻力,那么就必须走低碳发展的道路,抢占先机把握新经济增长点,实现新的跨越发展。

(4)提升杭州市国际影响力的重要途径。2007 年,杭州市在全国率先提出建设"生活品质之城"的宏伟目标,但这是一个较抽象的概念,需倡导节能减排,推行低碳生活方式的低碳城市具体发展措施可以有效促进"生活品质之城"的建设。此外,气候变化作为一个全球性的问题,各个国家和城市的应对态度和行动一直深受国际社会关注,并成为影响其国际形象的重要方面。杭州市当前正处于从中等发达地区向发达地区迈进的关键时期，有基础、有责任更有必要在全国率先打造低碳城市，藉此进一步增强杭州市的国际影响力和城市形象，进而提高杭州市的知名度。

综上所述，杭州市打造低碳城市具有极其深远的意义，是提升未来国际城市竞争力的必然选择。2008 年 7 月，杭州市在全国率先提出打造低碳城市的目标，杭州市市委市政府提出要在全国率先打造"低碳产业"和"低碳城市"，并将其作为杭州市沿江十大新城规划中环境立市战略的重大亮点，从而优化生态环境，提升城市功能。通过建设低碳科技馆等项目，杭州模式启动了低碳城市建设。在国家发改委于 2010 年在全国率先开展的低碳省份和低碳城市试点工作中，杭州市是其中试点八市之一，其探索实践可为浙江乃至全国提供经验借鉴和发挥示范带头作用。

1.2 研究目标和内容

1.2.1 研究目标

以杭州市为研究对象，借鉴国内外低碳城市发展的相关理论进展和实践，基于 SWOT – PEST 和利益相关者分析，研究并设计杭州市打造低碳城市的发展模式，提出相应的策略，为政府和相关部门制定发展战略和编制规划提供研究基础与决策依据。

1.2.2 研究内容

(1)国内外低碳经济和低碳城市研究进展与实践。对国内外低碳经济和低碳城市研究背景和研究现状进行文献梳理，从理论层面明确低碳经济、低碳城市等相关概念的内涵，从实践层面探究国外典型国家和城市如英国、美国、日本等国家和城市发展低碳经济和低碳城市的特色和经验，并分析国内上海、保定等城市建设低碳城市的现状和主要特征。

(2)杭州市打造低碳城市的 SWOT 及利益相关者分析。从杭州市经济发展水平、文化特征、市民生活方式等角度，通过统计资料、调查问卷、访谈等方式，运用 SWOT – PEST 方法分析杭州市打造低碳城市的内部优势和劣势、外部机遇和挑战。结合大量实地调研对打造低碳城市的主要利益相关主体(政府、企业、森林经营者、公众等)展开研究，阐述不同利益主体对打造低碳城市的认知、作用与建议等，为打造低碳城市发展策略提供依据。

（3）杭州市发展低碳城市的模式选择。在上述研究基础上，总结国内外低碳城市发展模式的经验，探讨了杭州市打造低碳城市应从减少碳源和增加碳汇两方面入手，据此提出"一个目标、两个途径、多个核心"的全方位立体环绕式综合"低碳社会"发展模式。并从生产、消费、森林碳汇多个维度详细探讨杭州市打造低碳城市的发展策略和政策建议。

（4）杭州市打造低碳城市的发展策略。提出具有杭州特色的六大主要策略，包括：提升现代服务业与建立清洁生产机制相结合，发展杭州市特色低碳产业；推进城市能源结构调整，实现优质、清洁能源的综合利用；构建杭州立体式生态系统体系，营造城市低碳生态环境；建设杭州市低碳示范社区和低碳教育载体，引导居民低碳消费；构建杭州市"五位一体"交通体系，促进低碳交通消费；发展杭州市绿色建筑，实现和推广城市建筑低碳化。

（5）杭州市打造低碳城市的案例研究。围绕生产、消费、森林碳汇重点介绍了杭州市在上述不同领域的亮点和特色，包括世界闻名的免费公共自行车、国内领先的低碳社区，多类型特色低碳企业和临安森林碳汇（含全国首个毛竹林碳汇造林项目）。

1.3 杭州市概况

1.3.1 自然资源条件

杭州市地处长江三角洲南翼，杭州湾西端，钱塘江下游，京杭大运河南端，是长江三角洲和中国东南部交通枢纽。杭州市区中心地理坐标为北纬 $30°16'$、东经 $120°12'$。有着江、河、湖、山交融的自然环境。全市丘陵山地占总面积的 65.6%，平原占 26.4%，江、河、湖、水库占 8%，杭州西部、中部和南部属浙西中低山丘陵，东北部属浙北平原，江河纵横，湖泊密布。

全市面积 16596 平方千米，其中市辖区 33068 平方千米。2010 年末，全市户籍人口 689.12 万人，农业人口 323.88 万人，非农业人口 365.24 万人。现辖上城、下城、江干、拱墅、西湖、滨江、萧山、余杭 8 个区，建德、富阳、临安 3 个县级市，桐庐、淳安 2 个县。

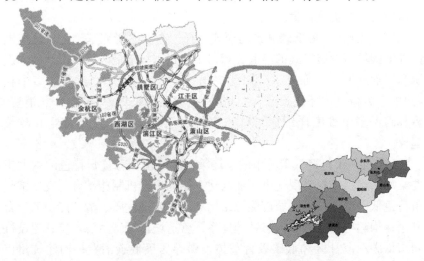

图 1.2 杭州市行政区划与地理位置

杭州属亚热带季风性气候，四季分明，温和湿润，光照充足，雨量充沛。2010 年全年平均气温 17.4℃，平均相对湿度 72%。但是，杭州市气候的变化是不容忽视的，表 1.2 是杭州市 2000～2010 年间的全年平均气温与最高气温情况，可以看出，2000～2010 年间，全市的平均气温大致在 17.6℃左右，平均气温和最高气温均呈现出略有上升的趋势，课题组对 1082 名杭州市公众的问卷调查（1072 份有效问卷）在一定程度上说明了这一现象，调查显示，有 1018 名公众认为近些年气候存在着变化，主要表现在自然灾害增多，气温上升，这种认知率高达 94.96%。由此可见，绝大多数公众感知到气候变暖。

表 1.2 2000～2010 年杭州气温情况   单位：℃

年份	2000	2001	2002	2003	2004	2005	2006	2007	2008	2009	2010
平均气温	17.2	17.3	17.5	17.5	17.8	17.5	18.3	18.4	17.5	17.8	17.4
最高气温	38.4	38.1	38.3	40.3	39.5	39.3	39.2	39.5	38.5	39.7	39.5

资料来源：2001～2011 杭州统计年鉴

杭州生物种类繁多，其中国家一级保护动物有 13 种，二级保护动物有 55 种，二级保护植物有 13 种。全市平均森林覆盖率为 62.8%。

但能源资源比较缺乏，主要表现在"无油、缺煤、少电"，能源消费的97%以上资源需要靠外地调入。并且消费结构仍以煤炭为主，优质的清洁能源比重偏低，给环境造成了巨大压力。能源资源的紧缺，能源使用结构不尽合理，需要杭州能源资源结构实现转变。

1.3.2 社会经济条件

杭州市国民经济保持平稳较快的增长势头，连续20年保持两位数增长。2010年全市GDP为5945.82亿元，超额完成"十一五"规划目标，根据2010年第六次全国人口普查，全市常住人口870.04万，按常住人口计算的全市人均生产总值68398元，相当于中等发达国家或地区水平。三次产业结构比列为3.5∶47.8∶48.7，以现代服务业为主导的"三二一"的产业格局进一步巩固，开始迈向后工业时代。"十一五"期间，杭州市生产总值年均增长12.4%，高于全国、全省平均水平。2010年，杭州市经济总量继续位居全国省市第二(仅次于广州)、副省级城市第三(仅次于广州和深圳)。

杭州素有"鱼米之乡"、"丝绸之府"、"人间天堂"之美誉。近年来，杭州大力实施"环境立市"战略，弘扬"精致和谐、大气开放"的人文精神，不断优化投资创业环境，相继获得了联合国人居奖、国际花园城市、国家环保模范城市、全国绿化模范城市等众多荣誉，荣登"最值得向世界介绍的中国名城"、"中国十佳和谐发展城市"、"中国十佳宜居城市"榜首，跻身"中国最具创新力城市50强"。在面向未来的发展中，杭州市正致力于提升品质，打造"低碳城市"，实现从中等发达水平向发达水平的历史性跨越。

1.4 研究思路和方法

1.4.1 研究思路

本研究以杭州市为研究对象，梳理和综述了国内外低碳城市发展的背景、理论进展和实践，运用SWOT方法深入剖析杭州市打造低碳城市的内部优势和劣势，外部机会和挑战。深入分析主要利益相关者如政府、企业、森林经营者等对低碳城市的认知和需求意愿，在此基础上，对杭州市碳排放进行初步测度与预测，研究设计杭州市低碳城市发展的主要模式，并提出杭州市低碳城市的发展策略。最后分析提炼杭州市生产、消费、森林碳汇等重点领域的亮点和特色案例。研究的技术路线详见图 1.3。

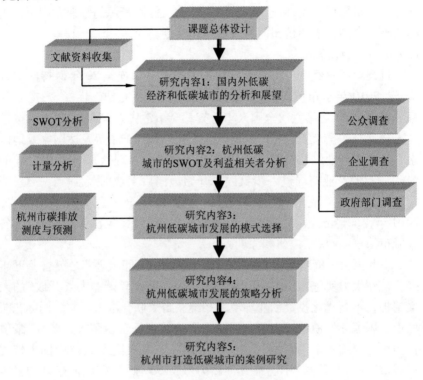

图 1.3　研究的技术路线

1.4.2　研究方法

本研究综合采用规范分析与实证分析、定性分析与定量分析、静态分析与动态分析等多种方法展开。研究遵循参与性诊断——参与性设计的逻辑框架，在诊断和设计过程中根据研究的具体目标分别采用不同的方法。

1.4.2.1　诊断方法

诊断工作是研究工作的基础和起点，其目的是通过多方参与，了解杭州市自然和经济社会现状、与低碳城市发展相关的信息，找出问题和原因，为设计过程提供前提和依据。参与性诊断主要采用二手资料收集、问卷调查、关键信息人访谈等方法。

(1)二手资料收集。通过查阅、搜集和整理文献，对国内外低碳经济和低碳城市研究背景和研究现状进行文献梳理，为本研究奠定基础。通过查阅《杭州市统计年鉴》、《杭州市 2010 年国民经济和社会发展统计公报》等，与研究点县级统计部门、林业部门相关资料数据，从总体上了解研究点的经济社会发展状况、能源消耗情况、森林资源情况等，为探索切合杭州市实际的低碳发展模式和提出具有杭州特色的发展战略提供依据。在实地调研的过程中，还分别从调查企业、政府部门收集相关二手资料。

(2)问卷调查。公众、政府、企业是打造低碳城市的主要利益相关主体。为了获取相关主体的信息，对公众进行问卷调查，对政府和企业采用关键信息人访谈的方式进行。

作为打造低碳城市的主体与核心，公众的认知和行为对低碳城市发展举足轻重，本研究根据不同研究目的进行了三次公众调查，以获取相关信息。

①杭州市公众打造低碳城市问卷调查。2010 年 1 月份，课题调研小组在杭州全市范围内随机选取 1000 多名公众进行问卷调查。杭州市辖上城、下城、江干、拱墅、西湖、滨江、萧山、余杭 8 个区，建德、富阳、临安 3 个县级市，桐庐、淳安 2 个县。考虑到萧山和余杭两区的特殊性，在 3 个县级市，2 个县，萧山和余杭两区分别调查 100 名左右公众，其余六区分别调查 50 名左右公众。实际调查样本数为 1082 份，有效样本数 1072 份，有效样本分布情况见表 1.3。

表 1.3　杭州市公众调查有效样本分布情况　　　　　　单位：份

调查地点	样本数	调查地点	样本数
富阳市	103	桐庐县	108
临安市	100	淳安县	108
建德市	109	余杭区	99
上城、下城、江干、拱墅、西湖、滨江六区	346	萧山区	99
		合计	1072

课题小组和调研小组成员经过三次讨论确定了初步问卷，并对调研人员进行了两次培训以期对问卷有统一的准确认识。正式调查前在临安

进行了预调研，最终确定了正式问卷。正式问卷主要分为受访公众基本情况和调查的主体内容两部分。基本情况调查包括是否常住人口、性别、年龄、受教育年限、职业、年收入等问题，主体内容包括：环境变化认知情况、个人及家庭消费情况（注重碳排放相关的消费情况）、森林生态功能的认知以及对低碳城市的认识等方面。

通过本项调查希望了解杭州市公众对于环境变化特别是气候变化、森林生态功能和对杭州市打造低碳城市的认知情况，杭州市公众对打造低碳城市的利益相关者界定，对低碳产品的支付意愿，以利于课题的深入研究。

②浙江省公众碳足迹问卷调查。公众"碳足迹"直接反映了公众低碳生活状况。为寻找影响公众低碳生活的因素，以杭州市区、临安市为研究点，在浙江省范围内选择嘉兴、慈溪作为对比调查点，采用随机抽样方式选择481名公众进行调查，被调查者的工作地点主要分布在杭州、嘉兴、慈溪和临安，样本量分别为100份（20.8%）、100份（20.8%）、100份（20.8%）和181份（37.6%）。在杭州市，主要针对市区的市民展开了问卷调查，选择了上城区、下城区、西湖区、拱墅区和江干区作为样本点；嘉兴市的调查主要集中在南湖区和秀洲区；慈溪市的调查主要在逍林镇的破山村、坎墩街道和横河镇的秦堰村；临安市调查地点为清凉峰镇新峰村、昌化镇街道、锦城街道。获得有效问卷473份。

③杭州市公众对森林碳汇服务认知与支付意愿问卷调查。打造低碳城市，必须从减少碳源和增加碳汇两方面入手，森林碳汇是一种非常好的方式，通过对杭州市公众购买森林碳汇服务意愿的调查，分析目前影响公众购买森林碳汇服务的影响因素及其程度，据此可以提出增强公众购买森林碳汇服务意愿的具体对策，为发展森林碳汇市场提供科学依据。问卷设计充分考虑了被调查者的认知过程，由调查员根据"基本情况—对环境的认知—家庭排碳情况及支付意愿—对森林生态功能的认知—森林碳汇的支付意愿"的逻辑顺序，层层深入，使被调查者一步步被引入正题。同时为确保调查质量。调查开始前对调查员进行了统一培训，力求使调查员对问卷内容有一致理解。调研小组在杭州市共对220位公众进行了随机调查，收回有效问卷212份，样本有效率达96.4%。

（3）关键信息人访谈。政府和企业是公众以外的重要利益相关者，通过关键信息人访谈不仅可以获取其对低碳城市的认识等情况，还可以了解杭州市的亮点和特色案例，为低碳发展模式的构建起到启示作用。

①政府关键信息人访谈。作为打造低碳城市的主要利益相关主体之一，政府部门扮演着重要的角色。通过对城建局、环保局等多个相关政府职能部门关键信息人的访谈，了解政府部门在杭州市打造低碳城市中的定位，该部门发挥的作用，采取的主要措施、取得的成效、面临的困难、未来将要实施的措施及应承担的角色。

②企业关键信息人访谈。低碳经济时代，企业的挑战与机遇并存。挑战主要来自于两个方面，一是碳税时代即将全面来临，二是企业面临低碳发展领先企业的竞争压力以及消费者对于低碳产品的需求压力。低碳经济将创造一个新的游戏规则，企业将在新的标准下重新洗牌。企业的未来将大幅取决于他们应对气候变化的准备是否充分，这将决定企业所面临的是创造大额利润还是蒙受巨大损失。

杭州市作为国家发改委首批试点低碳城市之一，调查在杭州进行投资的特色企业，不仅有助于了解低碳经济时代企业的抉择，也可对杭州市打造低碳城市的发展模式和战略提供借鉴。

调查企业涉及新能源产业与节能减排领域，新能源产业包括电动汽车和太阳能光伏产业，节能减排企业包括余热发电、废物综合利用（农业废弃物利用、污水处置垃圾——污泥进行发电）等，这些特色企业无一不渗透着低碳技术的应用。

在城市中，交通是一个高碳领域，其中机动车的尾气排放贡献率很高，特别是随着社会经济的发展，私家车的数量正在与日俱增，发展电动汽车可以有效减少碳排放，已经成为一个新兴领域，但该产业的发展很大程度依赖于技术创新和政策配套。太阳能作为一种清洁的可再生资源，一直是能源结构调整和优化的首选，据权威机构预测，到2050年，太阳能将占能源消费的30%左右，目前还不到3%，具有广阔的发展前景，但是面临的最大瓶颈依然是技术，其次是经济可行性。城市面临的另一大问题就是废物的处置，其中城市污水是一个重点，但不容忽视的是，农业废弃物越来越成为一个重要的污染源和技术薄弱领域，需要提高重视。当前杭州市依然是以煤为主的能源结构，基本采用火力发电，随之带来的是大量碳排放，如何拓展发电领域，也是一个值得研究的领域，比如采用污水处置剩余物——污泥进行发电、废热进行发电将废弃物转化为资源，实现环境与经济的共赢，亦可为杭州市打造低碳城市作出一定的贡献。据此课题组于 2010 年 7~8 月陆续对相关典型企业进行了关键信息人访谈。

1.4.2.2 设计方法

从研究目标和问题的需要为出发点，参与性设计采用定性与定量相结合的方法。定性分析包括 SWOT-PEST 分析、利益相关者分析等；定量分析采用统计描述、IPCC 温室气体清单方法、组合预测模型分析、计量分析方法等。

(1)SWOT-PEST 分析。SWOT-PEST 分析法来源于企业战略分析方法，是一种有效识别自身优势和劣势，判别机会与威胁的战略分析方法（表1.4）。SWOT 分别代表：优势(strength)、劣势(weakness)、机会(opportunity)、威胁(threat)。PEST 分别代表：政治的(political)、经济的(economical)、社会的(social)、技术的(technical)，采用此方法分析杭州市打造低碳城市的主要内部优势、劣势、外部机会和威胁等，并提出 SWOT 策略，为后续研究提供基础铺垫。

表1.4　SWOT-PEST 分析

	内部优势(S) PEST	内部劣势(W) PEST
外部机会(O)PEST	机会优势(SO)策略 依靠内部优势 利用外部机会	劣势机会(WO)策略 利用外部机会 克服内部劣势
外部威胁(T)PEST	优势威胁(ST)策略 依靠内部优势 迎接外部挑战	劣势威胁(WT)策略 减少内部劣势 迎接外部挑战

(2)利益相关者分析。打造低碳城市，离不开那些影响低碳城市发展的个人和群体，同时也会对一些个人和群体产生影响，主要有政府、企业、公众、森林经营者、高等院校和其他科研院所以及相关非正式组织等。这些个人和群体就是利益相关者。本研究结合大量实地调研对打造低碳城市的主要利益相关主体展开研究，阐述不同利益主体对打造低

碳城市的认知、需求意愿、作用与建议等。

（3）统计描述法。对受访公众及其家庭的基本特征，如性别、年龄、受教育年限、职业、家庭年收入等基本情况，环境变化、低碳城市、森林碳汇等认知情况、个人及家庭消费情况（注重碳排放相关的消费情况），对森林碳汇和低碳产品的支付意愿等进行统计描述分析。

（4）IPCC 温室气体清单方法。采用 IPCC 温室气体清单方法，本研究结合杭州市实际情况对相关系数做出适应性修正，测度了杭州市2000～2010 年间的能源消费碳排放量，分析了碳排放变化趋势及其影响因素。在对结果进行分析的基础上提出杭州市打造低碳城市的建议。

（5）组合预测模型分析。2011 年 11 月发布的"十二五"控制温室气体排放实施方案，要求各地区、各部门达到"十二五"规划提出的到2015 年碳排放强度比 2010 年下降至少 17% 的目标。作为国家发改委首批低碳城市试点之一的杭州市。经济水平和城市化水平较高，处于高排放连绵带，又是东部沿海发达地区浙江省的省会，其探索实践可为浙江乃至全国提供经验借鉴和发挥示范带头作用。在上述碳排放测度基础上预测杭州市到"十二五"末碳排放情况有着重要的意义。

当前对于某一经济现象的预测方法有很多种，根据模型的多少主要分为两类，一类是单项预测模型，即对某一经济现象数值的预测只采用单一的模型；一类是组合预测模型，即对某一经济现象数值的预测是根据几个模型的预测精度将几个单项预测模型加权平均而建立的模型，一般情况下，组合预测模型的预测精度要大于单项模型的预测精度。本研究将在两种单项预测模型结果的基础上，运用组合预测模型预测杭州的碳排放量及其强度。

（6）计量分析方法。运用 logistic 计量模型，分析影响公众进行低碳消费、购买森林碳汇服务意愿、公众碳足迹水平的因素及影响程度，以公众进行低碳消费为例简单介绍 logistic 计量模型。

$$\ln\left(\frac{p_i}{1-p_i}\right) = \alpha + \beta W_i + \chi F_i + \delta X_i + \phi E_i + \theta D_i + \varepsilon_i$$

$\ln\left(\frac{p_i}{1-p_i}\right)$ 代表公众愿意进行低碳消费与不愿意参与的概率之比。p_i 表示公众 i "是否"愿意参与进行低碳消费的一个二分变量。

W_i 代表公众 i 受教育程度,用受教育年限表示。F_i 代表公众 i 收入水平,用年收入水平指标表示;X_i 代表公众 i 职业的虚拟变量;E_i 代表公众认知的虚拟变量,代表公众对于温室气体减排的认知等;D_i 代表公众 i 所在的地区虚变量;ε:为随机扰动项。

(7)案例分析法。为了充分挖掘和提炼杭州市现有与低碳城市发展相关的典型案例和亮点,使研究直面真实世界,从中发现那些生动有趣和有待挖掘的真实故事,为此,本研究围绕杭州市低碳城市发展的三种模式,选择适宜的研究对象进行认真的调查研究,用"解剖麻雀"的方法,力求较准确地把握案例故事,并逐渐进行理论的提炼与升华。

2 低碳经济与低碳城市研究进展与实践

2.1 低碳经济与低碳城市研究进展

2.1.1 相关概念界定

2.1.1.1 低碳经济

"低碳经济"的概念最早由英国政府在 2003 年发表的能源白皮书《我们能源的未来：创建低碳经济》中提出。《能源白皮书》指出："低碳经济是通过更少的自然资源消耗和更少的环境污染，获得更多的经济产出；低碳经济是创造更高的生活标准和更好的生活质量的途径和机会，也为发展、应用和输出先进技术创造了机会，同时也能创造新的商机和更多的就业机会。"

自英国提出"低碳经济"后，一些学者从不同角度对其内涵进行了诠释。张坤民（2008）认为，低碳经济是以低能耗、低污染、低排放为基础的经济模式。其实质是高能源利用效率和清洁能源结构问题，核心是能源技术创新、制度创新和人类生存发展观念的根本性转变。低碳经济的发展模式，是一场涉及生产方式、生活方式和价值观念的全球性革命。谢进（2008）认为，低碳经济是以能效技术、可再生能源技术和温室气体减排技术的开发和运用为核心，以市场机制、制度框架和政策措施为先导，以减少化石燃料消耗和温室气体排放为标志，以经济社会与生态环境相互和谐为目标的新型发展模式。

在低碳经济的概念中，所谓"低"，是针对当前高度依赖化石燃料的能源生产消费体系所导致的"高"的碳强度及其相应"低"的碳生产率，最终要使得碳强度降低到自然资源与环境容量能够有效配置和利用的目标。"碳"，狭义上是指造成全球气候变暖的 CO_2，特别是由于燃烧化石性能源所释放的 CO_2，广义上包括《京都议定书》中所提出的 6 种温室气体。低碳经济的实质是高能源效率和清洁能源结构的问题，核心是能源技术创新和制度创新，与目前国内落实科学发展观，建设资源节约型和环境友好型社会，转变经济增长方式的本质是一致的。

2.1.1.2 森林碳汇

对"碳汇"概念的界定，目前尚未形成共识。李顺龙（2005）认为碳汇是指自然界中碳的寄存体；碳汇功能体现在碳库的储量和积累速率（吴建国，2003）；而森林碳汇是指森林生态系统吸收大气中的CO_2并将其固定在植被和土壤中，从而减少大气中CO_2浓度的过程（李怒云，2006）；许文强（2006）则从多角度对碳汇进行定义和总结：从作用机理角度看，碳汇是一种功能，体现为一种汇集、吸收和固定CO_2的能力；从抽象角度看，碳汇是一种过程、活动或机制，即是从大气中清除CO_2及其他含有碳元素的温室气体、气溶胶或其前体的过程、活动或机制；从具体角度看，碳汇是一个实体，是一个汇集碳、贮存碳的"库"；从动态角度看，碳汇可以用来表征碳循环过程中的一种状态。

同时，李怒云（2007）区分了森林碳汇和林业碳汇。林业碳汇是指通过实施造林再造林和森林管理，减少毁林等活动，吸收大气中的CO_2并与碳汇交易结合的过程、活动或机制。森林碳汇和林业碳汇既有共性又有个性，前者属于自然科学范畴，后者既有自然范畴又有社会经济属性。

综上所述，本研究认为碳汇是指自然界中碳的寄存体吸收并固定CO_2的能力或过程，森林碳汇即是森林吸收并固定CO_2的能力或过程。

作为陆地生态系统最大碳库的森林，在降低大气中温室气体浓度、减缓全球气候变暖中，具有十分重要的独特作用。研究表明，林木每生长1立方米，平均可吸收1.83吨二氧化碳，放出1.63吨氧气；1公顷阔叶林1天可以吸收1吨二氧化碳，放出0.73吨氧气。陆地表层生态系统中，包括森林、草地和农田等植被系统大约贮存了466PgC的碳，约相当于大气中碳贮存量的62%（Olson et al，1982）。森林碳汇潜力巨大且具有显著的成本优势（van Kooten et al，1995；Murry，2000；Benítez et al，2004），采取林业措施增加森林碳汇、保护森林减少碳排放是国际公认减缓和适应气候变化的重要途径，是发展低碳经济，打造低碳城市的重要方式之一。

2.1.1.3 低碳城市

低碳城市是针对碳排放量而言的一种城市发展新模式，是通过提高能源效率和采用清洁能源来降低二氧化碳的排放量并缓和温室气候效应，实现在较高的经济发展水平上维持较低的碳排放量的目标。世界自然基金会（WWF）认为低碳城市是指在保持城市经济高速发展的前提下使能源消耗和二氧化碳排放处于较低的水平。

对于低碳城市的内涵，研究者从不同角度进行了论述。

多数学者从低碳城市与低碳经济的关系出发，认为低碳城市是在城市发展低碳经济，包括低碳生产和低碳消费，建立资源节约型、环境友好型社会，建设一个良性的、可持续的能源生态体系，最终实现城市的高效发展、低碳发展和可持续发展（付允，2008；李向阳，2010；中国能源和碳排放研究课题组，2010；夏堃堡，2008）。低碳城市的内涵包括：①低碳化的城市能源供给方式；②低碳化的城市经济发展方式。它又包括两方面内容：一是在城市经济发展过程中实行低碳生产，二是调整城市产业结构，控制高碳产业的发展速度；③低碳化的城市生活消费方式（王家庭，2010）。

也有学者突出低碳城市治理主体，认为低碳城市是指以低碳经济为发展模式及方向，市民以低碳生活为理念和行为特征，政府公务管理层以低碳社会为建设标本和蓝图的城市（单晓刚，2010）。通过经济发展模式、消费理念和生活方式的转变，在保证生活质量不断提高的前提下，实现有助于减少碳排放的城市建设模式和社会发展方式（刘志林等，2009）。

综合上述学者的研究，不难发现，低碳城市是指在城市中发展低碳经济，已经成为学者的共识。城市是一个有机的组成部分，包括生产、消费等诸多环节，因此，本研究从低碳城市的发展模式出发，认为低碳城市是指城市空间为载体，以低碳经济为手段、以低碳生产、低碳消费、森林碳汇等为建设模式，通过合理的空间规划和科学的环境治理，以实现低碳发展的城市。

2.1.2　低碳经济研究进展

国内外学者对于低碳经济的探究主要集中在低碳经济特征、实现途径、政策和策略选择等方面。

（1）低碳经济特征。表面上低碳经济是为减少温室气体排放所做出的努力，但实质上，低碳经济是经济发展方式、能源消费方式、人类生活方式的一次新变革，它将全方位地改造建立在化石燃料（能源）基础之上的现代工业文明，转向生态经济和生态文明（鲍健强，2008）。由于研究视角的不同，学者对低碳经济的特征也有不同的论述：林诠（2009）认为低碳经济以低能耗、低排放、低污染为基本特征，以应对碳基能源对气候变暖的影响为基本要求，以实现经济社会的可持续发展为基本目的。其实质在于实现能源的高效利用、推行区域的清洁发展、促进产品的低碳开发和维持全球的生态平衡。国务院发展研究中心应对气候变化课题组（2009）研究认为低碳经济应有以下特征：①经济性；②技术性；③目标性。杜飞轮（2009）认为低碳经济应该表现为：①低碳的生产方式；②低碳的能源供应和消费体系；③低碳的生活方式。金乐琴等（2009）则认为，低碳经济具有综合性、战略性和全球性三个重要特征。庄贵阳（2010）认为低碳经济具有 3 个核心的特征：排放低、较高的碳生产力、阶段性。低碳经济转型是一个过程，这个过程具有阶段性，低碳经济为一种低碳形态，是低碳高增长，强调的是发展模式。低碳经济的发展，表现为能源效率的提高，能源结构的优化和消费行为的理性。

综上所述，低碳经济以"三低"为特征，与"高能耗、高污染、高排放"为特征的高碳经济相对应，以实现"能源低能耗、环境低污染以及温室气体的低排放"；其核心是在市场机制的基础上，通过制度框架和政策措施的制定与创新，形成明确、稳定和长期的对低碳经济发展的引导和激励；其实质是以能源技术创新、制度创新为支撑，提高能源利用效率和改善清洁能源结构实现经济增长与能源消费、含碳气体（主要指 CO_2）排放脱钩；其目标是"低碳排放、高人文发展"，在保持经济增长的同时，最大限度的减少温室气体的排放，以保障能源安全应对气候变化带来的挑战，实现经济社会的可持续发展，推动现有经济发展模式向低碳经济转型。

（2）低碳经济的实现途径。学者从低碳经济的概念和内涵出发，提出了低碳经济的实现途径：①调整产业结构，走新型和低碳工业化的道路（庄贵阳，2005；宋雅杰，2010）；②优化能源结构，尽可能减少煤炭、石油等高碳能源消耗，提高煤炭净化比重，开发利用可再生能源、提高能源效率、做好能源运行管理（庄贵阳，2005；国合会政策研究报告，2009；史立山，2010；丁丁，周囵，2010）；③建设新型和低碳城市（杨丽，2010）；④发挥碳汇潜力，建立碳交易市场，发展循环农业（庄贵阳，2005；高旺盛等，2010）；⑤加强国际经济技术合作（庄贵阳，2005；宋雅杰，2010）等。

　　一些学者从内部机制、物质流和技术支撑等方面对我国低碳经济的发展途径进行分析。王文军（2009）从内在机制作用上对低碳经济的运行进行研究，提出低碳经济发展的技术经济范式，即实施"立体式"控制的经济发展模式。毛玉如（2008）提出要对经济活动的物质流进行分析，建立物质流分析账户，调控物质流动模式，实施物质流管理，优化经济结构，最终实现低碳经济的发展目标。万宇艳（2009）提出物质流分析法可以以特定产业为研究对象，研究和分析产业能耗与环境负荷变化的关系，对相关物质利用效率特征进行识别，建立物质流管理指标，为企业监测污染、优化流程提供有效的分析工具。并且他们都从不同层次和角度对低碳经济发展提出了政策建议。政府间气候变化专家委员会（IPCC）（2001）认为低碳或无碳技术的研发规模和速度将决定未来温室气体排放减少的规模。任奔等人（2008）综合研究了国际上低碳技术发展，指出当前低碳经济技术主要是以下三个方面：一是节约能源技术，二是低碳能源技术，三是碳捕获和埋存技术（CCS）。

　　（3）低碳发展的政策和策略。在低碳发展政策的研究方面，国内外学者主要集中在低碳财税、金融等政策。具体在以下几个方面：①加大"低碳经济"的财政投资。如，王宝富（2010）提出要健全财政投入政策，促进低碳经济发展；邓子基（2010）、张德勇（2010）、徐晓静（2010）也提出要加大政府公共投入，史达（2011）提出省、市、县建立制定统一协调互补的低碳财政支持政策。②完善政府的低碳采购制度。邓子基（2010）提出要实行"低碳"政府采购制度，为绿色产品提供一个巨大的市场，有效引导企业生产方向和公众消费方向；王宝富（2010）提出要完善政府的低碳采购制度，加大政府采购对环保节能产品的支持力度。③改革完善相关的税收政策与制度。张德勇（2010）建议在现有税收框架内对有关税种进行重构，凡涉及节能减排部分都纳入可调整范围，扩大征税范围、适时开征碳税（刘梅，2011），提高税率等。蒋海勇（2011）建议设立碳基金，实现碳转移支付等。④对发展低碳经济的企业给予补贴。孙亦军(2010)分析了财政补贴对发展低碳经济的作用，提出了我国发展低碳经济的财政补贴政策选择。

综合学者对于低碳经济特征、实现途径、政策和策略选择的研究，不难发现：虽然不同学者的论述有所差异，均从不同角度充实了低碳经济的概念和内涵。学者分别从城市规划、产业发展、技术进步、森林碳汇、政策机制等方面论述了实现低碳经济的可能途径，并提出了诸多促进低碳经济发展的政策建议。

2.1.3 低碳城市研究进展

2.1.3.1 低碳城市发展模式和路径

随着低碳经济理念的不断深入人心，低碳城市的研究与实践不断深入。对于低碳城市的发展模式而言，刘志林等(2009)认为，低碳城市的发展模式应当包括以下方面：可持续发展的理念；碳排放量增加与社会经济发展速度脱钩的目标；对全球碳减排做出贡献；低碳城市发展的核心在于技术创新和制度创新。陈飞、诸大建(2009)认为，低碳城市涉及低碳建筑、交通和生产三大领域，还涉及新能源利用、碳汇及碳捕捉的研究。刘文玲等(2010)将目前城市低碳发展方式归纳为四种模式：①综合型"低碳社会"模式。如，英国、日本、丹麦等国家；②低碳产业拉动模式。如，伯明翰和波士顿，前者以文化产业或创意产业为发展核心，后者选择发展低碳高科技产业，均通过构建知识型城市实现低碳发展。③示范型"以点带面"发展模式。该种模式也是国内城市普遍尝试的一种方式。④"低碳支撑产业"发展模式。其中①为目标模式，另外三种属于过渡模式。

对于低碳城市的实现路径，不同领域的学者出发点有所不同。综合起来有以下几种路径：①加强城市规划(顾朝林，谭纵波，2009)。规划直接决定城市经济社会系统的发展布局、功能、规模、体量、生活方式、消费习惯、资源运用、交通等，并通过这些因素影响社会能源消费和排放量(洪群联，李华，2011)。②优化产业结构，建设低碳产业，提高产业能效。在城市基础设施及相关建设中运用低碳技术，发展低碳城市的低碳产业支撑，推广绿色建筑(杨国锐 2010；洪群联，李华 2011；张梅燕，2011)。③引导居民低碳消费，创建低碳社会。要做好宣传和教育工作，加强对城市居民的低碳消费观的教育；使人们从追求豪华、奢侈、浪费的生活转向追求俭朴、节约的更文明的生活(王继斌，2011；洪群联，李华，2011)。④发展低碳交通、倡导绿色出行。张梅燕(2011)提出了提高公共交通舒适度，开设城市自行车系统，防止私家车过快发展等措施；张陶新等(2011)提出了中国城市低碳交通建设的三大战略方向和五项主要措施。

2.1.3.2 低碳城市发展政策

崔健(2011)通过比较中日两国低碳城市建设现状，提出了日本低碳城市建设对中国的政策启示。①重视城市结构改变和"软件"建设；②通过完善法律和制度使低碳城市建设走上系统化、制度化的轨道；③有效发挥民间的力量。陈建国(2011)在发掘国际低碳城市建设经验和国内低碳城市建设典型案例的基础上，提出中国低碳城市建设和进一步发展完善的政策建议。①实现城市经济发展的低碳化：转变经济发展方式，实现由粗放式向集约式发展的转变；调整经济发展结构，逐步淘汰高能耗、高排放的行业；进行能源结构调整，加大新能源和可再生能源在电力结构中的比重；加大对节能和新能源技术发明、应用的政策扶持力度。②实现城市社会生活的低碳化：宣传普及低碳生活的理念；实现低碳城市规划；推广建筑节能，实现绿色建筑；加强城市的绿化建设，建设森林城市(周国模，2009)。李云燕(2011)从产业、能源、财税和金融政策四个方面提出了促进低碳城市发展的政策措施。高雅(2011)通过介绍温哥华市低碳城市的政策设计，建议成立专门的行政单位来管理低碳城市的规划与管理，由其统筹和管理中央各条线的政策，避免不同部门政策的重复和交错造成的浪费和资源错置，能够更有效地促进政策的实施。

2.1.3.3 低碳城市发展评价

由于低碳城市刚刚起步，国内学者对于低碳城市发展的评价多以定性评价为主，一些学者也开始尝试构造低碳城市的综合评价指标并对案例城市进行综合的评价。马军等(2010)选取5个反映低碳经济综合发展情况的指标，用线性加权法评价东部沿海6省市经济发展中的碳含量。结果表明，除了上海处于中碳经济的环境中，其他5省的经济发展碳含量都非常高，处于高碳经济的环境中。邵超峰、鞠美庭(2010)在低碳城市内涵的分析基础上，提出了建立低碳城市指标体系的基本框架、原则和方法，并根据 DPSIR（驱动力—压力—状态—影响—响应）模型框架，考虑我国低碳经济的发展形势，建立了低碳城市建设与评价指标体系。2010 年 3 月 19 日，中国社科院公布了评估低碳城市的新标准体系，这是中国迄今首个最为完善的标准。该标准具体分为低碳生产力、低碳消费、低碳资源和低碳政策等 4 大类共 12 个相对指标。刘竹（2011）从经济发展、物质消耗与污染物排放相互关系的视角，以"脱钩"模式为目标层，经济发展、碳排放、污染物排放与经济发展为准则层，CO_2 排放等 8 个具体指标为指标层建立低碳城市评价指标体系，对沈阳市的低碳城市建设进行了评价。赵国杰，郝文升（2011）构造了自然生态、经济低碳、社会幸福三维的低碳生态城市发展空间结构模型，并依此建立了包含生态指数、低碳指数、幸福指数三维目标的多层指标体系。并借助空间向量思想提出了一种在度量生态指数、低碳指数、幸福指数和发展度、持续度、协调度的基础上，用发展有效等价值科学测度低碳生态城市发展水平的综合评价方法，并选择天津为案例进行了评价。

2.2 低碳经济与低碳城市实践

2.2.1 国外低碳经济与低碳城市实践

目前，全球气候变化已经在全球范围基本达成共识，气候变化也已从单纯的科学问题，逐步演变为国际政治问题，甚至是综合性的国际发展问题，其可能产生的影响也将随之不断拓展，发展低碳经济是应对气候变化的主要途径。

城市是区域减排的重要单元和研究主体，是实现低碳经济的关键所在。低碳城市建设是发展低碳经济的重要组成部分，是人类发展史中的一场重大社会革命。低碳城市目前已成为世界各地的共同追求，很多国际大都市以建设发展低碳城市为荣，关注和重视城市在经济发展过程中的代价最小化、城市中人与自然的和谐相处以及人性的舒缓包容。下面先介绍国外典型国家和城市的低碳发展概况。

2.2.1.1 丹麦

目前，世界各国政府正在倾力应对石油危机和全球变暖所带来的危机的同时，一股兴建"低碳社区"、"低碳城市"和"生态城"的潮流已然兴起，其中丹麦的低碳社区就是最早建设的生态社区之一。低碳社区主要是从全球气候变化的影响和减少碳排放的国家能源政策目标出发，努力发挥地方政府在节能应用中的先锋作用，大多采取以低碳化节能示范性项目为先导进行社区节能实践(陈柳钦，2010)。

用全球的气候领跑者或者绿色能源的领先者来形容丹麦，一点都不为过。1980 年竣工的太阳风社区是丹麦居民自发组织建筑的公共住宅社区。该社区通过建设节约空间和能源的洗衣房、咖啡厅、健身房等"公共住宅"和利用风能、太阳能等可再生能源和新能源来实现社区的"低碳"。社区内的太阳板主要设置在"公共住宅"上，"公共住宅"的地下放置两个容量75 立方米的聚热箱，被加热的液体通过地下管道进入聚热箱，通过热水和热辐射的形式把热量供给"公共住宅"，丹麦的太阳风社区30% 的能量需求是通过这种形式的太阳能供给满足的。还有10% 的社区能量消耗是通过社区居民在社区附近2 千米左右的山坡上建设22 米高的风塔获取的风能。该社区在能源使用过程中十分重视节能减排，从而最大程度上减少温室气体的排放和社区洁净环境的保持。

丹麦政府非常重视国家能源战略的制定，在全国能源发展战略目标的指导下，通过制定能源政策来引导能源利用方式的改变，建立并严格执行明确的节能利用激励机制，并注重能源利用的过程管理和能源战略的实施(陈柳钦，2010)。丹麦在过去的25 年中经济增长了75%，但能源消耗总量却基本维持不变，创造了独特的"丹麦模式"。丹麦的哥本哈根大力推行风能和生物质能发电，白色的现代风车随处可见，哥本哈根有世界上最大的海上风力发电厂。2008 年哥本哈根以高品质的生活质量和高度的环境保护重视程度被英国生活杂志 Monocle 选为世界 20 佳城市，并高居榜首。2009 年，哥本哈根政府宣布到2025 年，有望成为世界上第一个"碳中性国家"。

2.2.1.2 英国

关于气候变化、低碳经济和低碳城市规划的研究与实践，英国走在了世界前列，英国的可持续发展规划、应对气候变化的国家规划政策系统而全面，并在 2008 年正式通过《气候变化法案》，这使英国成为世界上第一个建立减少温室气体排放、适应气候变化的具有法律约束性长期框架的国家(李向阳等，2010)。

英国是低碳城市规划和实践的先行者。为了推动英国尽快向低碳经济转型，英国政府于 2001 年设立碳信托基金会（Carbon Trust），碳信托基金会与能源节约基金会（Energy Saving Trust，EST）联合推动了英国的低碳城市项目（Low Carbon Cities Programme，LCCP）。首批三个示范城市（布里斯托、利兹、曼彻斯特）在 LCCP 提供的专家和技术支持下制定了全市范围的低碳城市规划。英国城市规划目标单一，即促进城市总的碳排放降低，并为此提出了量化目标；城市规划的重点领域是在建筑和交通，主要实现途径是推广可再生能源应用、提高能效和控制能源需求；伦敦市低碳城市规划强调战略性和实用性的结合，在提出可测量的碳减排目标和基本战略的同时，实现途径的选择强调实用性，以争取最大程度的公众支持；伦敦市低碳城市的建设强调技术、政策和公共治理手段并重（刘志林等，2009）。

伦敦市在低碳城市建设方面更是起到了领跑者的作用。伦敦市政府制定顶楼与墙面绝缘改造补贴、家庭节能与循环利用咨询和社会住宅节能改造的"绿色家庭计划"以及绿色建筑改造和绿色建筑标识体系的"绿色机构计划"。伦敦市修正城市总体规划对新开发项目的具体要求，特别是要求新开发项目要采用分散式能源供应系统，项目规划中强化对节能的要求以及加强节能建筑和开发项目的示范。在能源供应方面，伦敦市通过鼓励垃圾发电及其应用，建设大型可再生资源发电站以及鼓励碳储存等手段使能源供应向分散式、可持续的能源供应转型。在地面交通方面，伦敦市加大在公共交通、步行和自行车系统上的投资，鼓励低碳交通和能源，对交通中的碳排放收费，从而促进伦敦市居民出行方式的转变。

2.2.1.3 瑞典

瑞典在 20 世纪 70 年代起就开始发展低碳经济。可持续发展是瑞典政府内政外交的核心目标，各级政府的每项决策都要考虑经济、社会和环境方面的影响，尽量达到三者的和谐统一。

瑞典首相任命了由环境部长、教育部长、农业部长和财政部助理组成的"可持续发展委员会"，负责审核投资项目和审核政府未来政策的趋向。瑞典地方政府最常用的政策是垃圾差别化收集税和绿色采购计划。1997 年瑞典国家预算启动了一项 1998~2000 年间耗资 12.5 亿瑞典克朗的可持续发展计划，其中包括由地方政府和地方组织启动的6亿瑞典克朗计划。

2.2.1.4 日 本

作为《京都议定书》的发起和倡导国，日本低碳城市建设目前尚处于起步阶段（崔成、牛建国，2010）。受地理环境、资源禀赋等自然条件制约，全球气候变化对日本的影响要远大于世界其他发达国家。面对温室气体增加，全球气候变暖可能对日本的农业、生态环境和国民健康带来的不良影响，日本政府积极应对全球气候变化，主导建立"低碳社会"。日本政府为发展和建设"低碳社会"制订了相关的政策文件，组织专家、技术力量进行了大量的可行性研究。日本建设和发展"低碳社会"以各部门实现碳排放最小化、倡导简单而高质量的生活、与大自然和谐共生等三个方面为基本原则；在交通、住宅与工作场所、工业、消费者的选择、林业和农业以及土地视角（城市与城郊角度）等六个方面制定具体目标，从而促进日本"低碳社会"的建立和发展。

2008年6月，日本首相福田康夫提出日本新的防止全球气候变暖的对策，即"福田蓝图"。蓝图提出到2050年日本的温室气体排放量比目前减少60%~80%。随后日本内阁会议根据"福田蓝图"制订了"低碳社会行动计划"，提出了建设和发展低碳社会的数字目标、具体措施以及行动日程。2010年8月，日本国土交通省正式颁布了《低碳城市建设指导手册》，在对全球气候变化形势、各国发展低碳经济的方向和努力进行了全面地总结的基础上，从低碳城市建设的基本方针、推进方向、建设方式方法、地区实施计划、效果评价分析方法等多个方面对日本未来低碳城市的建设提出了详尽的要求，为日本未来低碳城市的建设提供了重要的指导作用。《低碳城市建设指导手册》强调要根据日本的国情和城市未来的发展趋势，从交通和城市结构、能源、绿色三个主要方面来建设低碳城市。日本政府在2010年还相继发布了《新成长战略》、《产业结构展望2010》等战略性文件，将低碳城市建设和低碳技术的研发与应用作为经济发展的重要内容和发展方向。

2.2.1.5 美 国

尽管美国拒绝加入《京都议定书》，拒绝履行温室气体强制减排义务，但是美国各界并未消极看待气候变化，也没有放弃对低碳经济和低碳城市发展的探索。美国重视依法推进低碳城市建设，美国的低碳城市建设相关的立法保障侧重于应对能源危机。布什政府于 2005 年颁布的《能源政策法》和 2007 年颁布的《能源独立安全保障法》是两部重要的与低碳城市建设相关的能源法案。2009 年 1 月，奥巴马政府发表"美国能源与环境计划"，计划逐步提高可再生能源在电力供应中的比例，同时，实行温室气体总量管制和排放权交易制度，并提出到 2050 年温室气体排放量削减80%。美国主张通过技术途径解决气候变化问题。2007 年 11 月美国进步中心发布《抓住能源机遇，创建低碳经济》报告，承认美国已经丧失在环境和能源领域关键绿色技术的优势，提出创建低碳经济的十步计划。

西雅图市是美国第一个达到《京都议定书》温室气体减排标准的城市，是全美低碳城市建设的典范。西雅图低碳城市建设形成了大企业带头、以西雅图气候合作项目为平台，城市各个部门共同参与的气候行动。主要包括以下内容：公众参与；家庭能源审计；阻止城市继续向外无限扩大，把重心重新放回中心城市建设；积极改善电力供应结构；第三方评估减排结果(陈柳钦，2010)。西雅图市通过改善建筑物的能源效率和公交系统的承载效率，投资发展水利、风力发电技术和产业等手段来建设和发展"低碳城市"。

纵观各发达国家发展低碳经济和低碳城市的推进策略，可以概括出：①瑞典大力推行"环保车计划"；②丹麦则在全球率先建成了绿色能源模式，形成了由政府、企业、科研、市场关联、互动的绿色能源技术开发社会支撑体系；③日本加快开发可再生能源和清洁技术，最近又提出了重启太阳能鼓励政策；④英国是低碳城市规划和实践的先行者；⑤美国重视依法推进低碳城市建设。上述 5 个典型国家及其城市的低碳发展概况可见表 2.1。

2.2.2　国内低碳经济与低碳城市实践

作为最大的发展中国家，我国是碳排放大国之一，大力推动低碳城市建设意义重大。推动低碳城市建设有利于充分发挥城市的能动作用，促进发展方式转变、促进经济结构调整、促进能源资源节约和能效提高、促进清洁能源发展、加快形成以低碳排放为特征的产业体系和消费模式，实现自身的可持续发展。国内诸多城市也纷纷开始探索低碳城市发展的目标和路径，形成了各自的特色。

表 2.1　国外典型国家低碳经济和低碳城市发展概况

国家	主要模式或特色	主要措施
丹麦	低碳社区	①建设"公共住宅" ②发展利用可再生能源和新能源 ③政府重视国家能源战略的制定，建立并严格执行明确的节能利用激励机制，并注重能源利用的过程管理和能源战略的实施
英国	应对气候变化的城市行动	①设立碳信托基金会 ②推广可再生能源应用、提高能效和控制能源需求 ③"绿色家庭计划"和"绿色机构计划" ④鼓励垃圾发电及其应用 ⑤加大在公共交通、步行和自行车系统上的投资
瑞典	可持续行动计划	①瑞典政府制定综合性的可持续发展方案 ②组成"可持续发展委员会"，负责审核投资项目和审核政府未来政策的趋向 ③地方政府使用垃圾差别化收集税政策和绿色采购计划
日本	低碳社会行动	①日本政府为发展和建设"低碳社会"制订了相关的政策文件，组织专家、技术力量进行了大量可行性研究 ②根据"福田蓝图"制订了"低碳社会行动计划" ③颁布《低碳城市建设指导手册》
美国	能源新政	①美国政府颁布能源法案 ②发表"美国能源与环境计划" ③实行温室气体总量管制和排放权交易制度

2.2.2.1　保定——中国电谷

作为世界自然基金会(WWF)的试点城市，河北省保定市在 2006 年提出打造"保定·中国电谷"的战略构想，依托保定国家级高新区新能源与能源设备产业基础，打造一个以电力技术为基础的产业和企业群。

保定市政府为建设低碳城市发挥了积极的引导性作用。2008 年 12 月，保定市政府公布了《关于建设低碳城市的意见(试行)》，制定了《保定市低碳城市发展规划纲要(2008～2020 年)》(草案)。这是中国首个以政府文件形式提出的促进低碳城市发展的文件。2009 年 5 月 21 日，保定市低碳城市研究会正式成立，该研究会是全国第一个从事低碳研究的专门机构。保定市低碳城市研究会的成立是建设低碳城市的又一具体行动。

保定市培育了英利、中航惠腾2个太阳能光伏发电、风力发电叶片制造领域全国行业领军企业，形成了光电、风电、输变电、储能、节能和电力自动化六大产业体系，为我国新能源设备制造产业的发展聚集了人才基础、技术基础、项目基础和产业聚集基础。在保定市低碳建设的进程中高新区承担主城区建设主力军使命。近年来，高新区围绕"生态电谷、低碳新城"的发展定位，大力发展新能源产业。同时高新区加快实施全区大路网建设，以4.2亿元的路网工程投资，带动电谷新区全面开发(赵冬梅等，2011)。保定在全市范围内引导推广应用太阳能产品。城市生态环境建设工程、办公大楼低碳化运行示范工程、低碳化社区示范工程、低碳化城市交通体系整合工程同步进行。保定市将用10年左右时间，完成建设太阳能光伏发电、风电、高效节电、新型储能、电力电子器件、输变电和电力自动化等产业园区，建成国际化新能源及能源设备制造基地的"中国电谷建设工程"；将用3年左右的时间，完成在全市生产、生活等各个领域，基本实现太阳能综合利用的"太阳能之城建设工程"。

2.2.2.2 上海——低碳建筑

上海作为国际化大都市，未来具有独特的国际影响力，这不仅表现在上海每年的经济规模与经济总量上，更重要的是能够快速转变传统高消耗、高排放、高增长的发展模式，在保持经济继续增长的同时，发展低碳经济，这对于全球金融危机状况下的国际城市及当代中国快速城市化进程中的其他城市都将具有很强的借鉴作用。

2001年英国奥雅纳规划工程国际咨询公司与上海市规划院合作完成了《东滩控制性详细规划》，明确了将东滩建成全球首个可持续发展生态城。2005年11月在中国国家主席胡锦涛和英国首相布莱尔的见证下，中英双方签订了宏观合作协议，目标是把东滩建设成为全球首个生态城市。2008年1月，保定和上海成为WWF"中国低碳城市发展项目"的首批试点城市，以期推动城市发展模式的转型。上海市在打造"低碳城市"的过程中，着重对建筑的能源消耗情况进行调查、统计，从办公楼、宾馆、商场等大型商业建筑中选择试点，公开能源消耗情况，进行能源审计，提高大型建筑能效。为了减少碳排放量以实现可持续发展，上海市已着手在南汇区临港新城、崇明岛等地建立"低碳经济实践区"，推动低碳经济和低碳城市建设发展。2009 年 5 月，上海市环保局、世博事务协调局和美国环保协会共同主办的大型环保系列活动"世博绿色出行"，是历时最长，规模空前的群众性低碳活动。上海市抓住召开世博会的机会，探寻低碳路径，大力发展新能源汽车。由世行提供贷款的上海崇明东滩风力发电项目是清洁能源项目，建成后可大量减少温室气体排放。

2.2.2.3 天津——中新天津生态城

天津市作为老工业基地，积极应对全球气候变化，加快推进发展方式的转变，走出一条具有自己特色的低碳发展之路，在中国低碳城市和低碳经济的建设发展中始终走在前列。中新天津生态城是世界上第一个国家间合作开发建设的生态城市。中新天津生态城是中新两国政府应对全球气候变化，加强环境保护，节约资源和能源，构建和谐社会的战略性合作项目。2008 年 9 月成立的天津排放权交易所是国内第一家综合性排放权交易机构，是利用市场化手段和金融创新方式促进节能减排的国际化交易平台。2009 年，中美低碳金融研究中心、央行碳金融研究试点和联合国低碳经济中心相继落户在天津。

近年来，天津市在推动经济快速发展的同时，高度重视转变发展方式，通过调整产业结构，大力开发新能源和可再生能源，狠抓节能降耗，以高端化、高质化、高新化为方向，推动产业向低碳转型。大力发展战略性新兴产业和低能耗产业，逐步形成了航空航天、新能源、新材料、生物技术和现代医药等八大优势支柱产业；率先实行能评一票否决制，严格控制高能耗、高污染项目；加快发展风能、太阳能、生物质能发电，不断提高替代能源发电在全市电力工业中的比重，初步形成以锂电子电池、太阳能电池、风力发电设备和地热能综合利用为主的新能源产业；天津市在全市范围内大力开展植树造林和城市绿化，采取工程措施治理生态退化地区，多渠道扩展林地绿化空间，提高全市森林覆盖率，增加辖区的森林碳汇。

2.2.2.4 南昌——国内唯一的低碳经济试点的省会城市

江西省南昌市是驰名中外的红色革命根据地，新中国的第一面军旗升起之地，现在作为鄱阳湖生态经济区的龙头城市，正以低碳、生态、高效为目标，努力建设成一个让人民满意的宜居城市。

2010 年 2 月 20 日，江西省南昌市成为全国唯一一个被列为发展低碳经济试点的省会城市。南昌列入国家低碳经济试点城市后，将制定既与国际接轨又符合南昌实际的试点工作方案。根据实际情况，南昌市已经规划了四大低碳经济示范区，即红谷滩及扬子洲生态居住和服务业中心区、高新开发区生态高科技园区、湾里区生态园林区、军山湖低碳农业生态旅游区。2010 年 10 月，南昌市政府制订了《南昌市国家低碳城市试点工作方案》，提出了"十二五"和"十三五"的碳减排目标，确定了借低碳城市深化对外开放的发展思路，并表示要建设"看得见的低碳城市"。2011 年 6 月，奥地利联邦交通、创新与技术部与南昌市政府展开具体商谈，为南昌市提供垃圾管理和城市节能交通的技术支持。

2.2.2.5 吉林——全国首个低碳城市标准适用案例

东北老工业基地城市吉林省吉林市于 2008 年被国家发改委选定作为低碳经济发展案例研究试点城市。2010 年 3 月，中国社科院公布了中国迄今首个最为完善的评估低碳城市的新标准体系，吉林市成为适用此标准的首个案例，成为国内第一个被官方选为开展低碳经济方法学和低碳发展示范区研究的案例城市。由中国社会科学院、国家发改委能源所、英国查塔姆研究所和吉林大学这四家机构联合完成的《低碳计划》指出：吉林市将依靠技术升级改造现有重工业生产设备，发展可再生能源和低碳能源，大力投资建筑节能、交通运输、农林业等领域。

近年来，吉林市通过节能监管促进重点工业节能降耗，利用政府资金扶持重点节能改造项目，优先支持拥有自主知识产权的节能技术示范项目，加快淘汰落后技术，提升装备和技术的用能水平，建立重点产品的单号定额考核制度，加强电力需求侧管理，加快推进农村和农业节能，推进服务业和交通运输业节能，加大力度推动建筑物节能等措施来减低能耗，减少温室气体的排放，促进低碳经济和低碳城市的发展建设。

2.2.2.6 无锡——全国首个专家认可的低碳城市规划

作为"苏南模式"的典型代表，无锡也有被冠以"首个"的头衔。夺得第一个国家生态市创建资格，获江苏首个"国家森林城市"称号，省内独家夺得由联合国颁发"2009 年全球绿色城市"桂冠，无锡着手建立碳排放交易平台，成立了首个慈善环保基金。2009 年 6 月，在国内率先成立低碳城市发展研究中心。2010 年 3 月，《无锡低碳城市发展战略规划》通过了由环保部、社科院等单位的专家组评审，成为国内首个被专家认可的低碳城市规划。

无锡市分别从低碳法规、低碳产业、低碳城市建设、低碳交通与物流、低碳生活与文化、碳汇吸收与利用 6 个方面推进低碳城市建设。大力发展新能源、新材料、环保产业、生物、工业设计和文化创意、软件及服务外包等六大战略性新兴产业。目前，无锡市低碳城市建设规划正在加紧编制之中。到 2015 年，无锡市有望建成比较完整的六大低碳体系，即低碳法规体系、低碳产业体系、低碳交通与物流体系、低碳生活与文化体系、碳汇吸收与利用体系，实现单位 GDP 二氧化碳排放强度达到国内领先水平的目标。无锡市在国内率先全面探索发展低碳经济的新路径，正朝着低碳城市的目标迈进。

2.2.2.7 厦门——全国率先编制出台《低碳城市总体规划纲要》

厦门市长期以来重视节能减排，发展循环经济，开展低碳技术研发，启动建设低碳产业示范园区、低碳示范城等项目，大力发展快速公交等大运量交通，倡导公民低碳生活方式，为低碳城市试点打下了坚实的基础。

2010 年 7 月，厦门市已在全国率先编制出台《低碳城市总体规划纲要》，将重点从占碳排放总量 90% 以上的交通、建筑、生产等 3 大领域探索低碳发展模式。根据规划，预计到 2020 年，厦门市的单位 GDP 能耗将在 2005 年的基础上下降 40%。该规划的编制完成标志着厦门市建设低碳城市已经从抽象的概念走向了具体的实施阶段。2011 年 4 月，《厦门市低碳城市试点工作实施方案》通过国家发改委评审。目前，低碳城市试点工作和低碳发展目标已纳入了厦门市"十二五"规划纲要。"十二五"期间厦门市将按照《实施方案》分步实施，低碳城市试点工作重点包括完善低碳相关法规，深化对台低碳交流与合作，构建低碳化产业体系，优化能源结构，城市建设低碳化和提倡低碳生活与消费。

综上所述，国内 7 个城市的低碳发展各具特色，主要措施和特点见表 2.2。

表 2.2　国内主要城市低碳经济和低碳城市发展概况

城市	主要模式或特色	主要措施
保定	中国电谷	①政府公布了《关于建设低碳城市的意见(试行)》,制定了《保定市低碳城市发展规划纲要(2008－2020年)》(草案) ②成立保定市低碳城市研究会 ③保定培育了英利、中航惠腾两个太阳能光伏发电、风力发电叶片制造领域全国行业领军企业 ④建设和发展"中国电谷建设工程"和"太阳能之城建设工程"
上海	低碳建筑	①2001年,完成《东滩控制性详细规划》,明确了要将东滩建成全球首个可持续发展生态城 ②着重对建筑的能源消耗情况进行调查、统计,提高大型建筑能效 ③着手在南汇区临港新城、崇明岛等地建立"低碳经济实践区" ④主办大型环保系列活动"世博绿色出行" ⑤发展上海崇明东滩风力发电项目
天津	中新天津 生态城	①相继成立中新天津生态城、中美低碳金融研究中心、央行碳金融研究试点、联合国低碳经济中心、天津排放权交易所等 ②调整产业结构,大力开发新能源和可再生能源,狠抓节能降耗,大力发展战略性新兴产业和低能耗产业 ③率先实行能评一票否决制,严格控制高能耗、高污染项目 ④加快发展风能、太阳能、生物质能发电 ⑤在全市范围内大力开展植树造林和城市绿化,采取工程措施治理生态退化地区
南昌	国内唯一的低碳经济试点的省会城市	①制定试点工作方案,根据实际情况规划四大低碳经济示范区。 ②2010年10月,市政府制订了《南昌市国家低碳城市试点工作方案》 ③2011年6月,奥地利联邦交通、创新与技术部与南昌市政府展开具体商谈,为南昌市提供垃圾管理和城市节能交通的技术支持
吉林	全国首个低碳城市标准适用案例	①依靠技术升级改造现有重工业生产设备 ②积极发展可再生能源和低碳能源 ③鼓励投资建筑节能、交通运输、农林业等领域

（续）

城市	主要模式或特色	主要措施
无锡	全国首个专家认可的低碳城市规划	①成立全国首个低碳城市发展研究中心，建立碳排放交易平台，成立全国首个慈善环保基金 ②2010年3月，制定《无锡低碳城市发展战略规划》 ③分别从低碳法规、低碳产业、低碳城市建设、低碳交通与物流、低碳生活与文化和碳汇吸收与利用六个方面推进无锡低碳城市建设 ④大力发展新能源、新材料、环保产业、生物、工业设计和文化创意、软件及服务外包等六大战略性新兴产业 ⑤加紧编制无锡市低碳城市建设规划
厦门	全国率先编制出台《低碳城市总体规划纲要》	①在全国率先编制出台《低碳城市总体规划纲要》 ②2011年4月，《厦门市低碳城市试点工作实施方案》通过国家发改委评审 ③低碳城市试点工作和低碳发展目标已纳入了厦门市"十二五"规划纲要

2.3　借鉴与启示

　　打造低碳城市已成为城市发展的大趋势，而发展模式的选择对城市发展战略、规划的制定起着决定性作用。对于处在快速工业化、城市化进程中的中国，更需要探索一条独特的低碳转型路径。

　　（1）加强国际交流与合作，共同应对气候变化。在气候变化国际谈判中，中国既要秉承一贯的原则立场，又要用好国际社会已达成的公约和文件精神，对可持续发展、共同但有差别责任原则等要坚持且不能让步，姿态要积极但不能冒进，行动要主动而不能盲从，策略要灵活又与时俱进。中国应当主张，发达国家强制减排，并向发展中国家提供技术与资金，发展中国家自愿减排的部分成本应当由历史上过度排放的工业化国家承担，树立负责任的发展中大国形象。

　　（2）"低碳城市"应包括低碳经济和低碳社会发展两个层面。低碳经济主要关注在经济发展中排放最少量的温室气体，同时获得整个社会最大的经济产出。这涉及到低碳能源、低碳技术和低碳产品的开发和利用，强调城市生产活动的低碳化和有助于全球减排的低碳产业发展。低碳社会强调城市日常生活和消费的低碳化，强调从理念和行为方式的转变，以达到人类社会与自然系统的和谐发展。在经济发展初级阶段，低碳经济会给以更多关注，经济的增长和增长方式在这一阶段更为重要。在经济发展高级阶段，会更强调低碳社会，社会消费理念和行动的转变显得更为重要。

(3)政府应创设必要的宏观环境。中国政府应尽快出台引导性政策，使低碳经济和低碳城市建设走上制度化、有序化、系统化的轨道。低碳经济和低碳城市建设的内容涉及多个领域，相对复杂。因此，中国政府需要尽快编制并颁布低碳经济与低碳城市发展建设的指导性手册，建立合理的低碳经济和低碳城市的评估系统。

(4)发展低碳城市需要多主体共同参与。发展低碳城市既不是简单的市场行为，也不可能是完全的政府行为，而是公共治理的多方主体相互影响、相互作用、共同参与的过程。政府在低碳城市的发展中主要起到规划、引导和领导的作用，公众和企业对低碳城市的发展也有不可或缺的作用。低碳城市的建设首先应该是低碳理念的建设和低碳意识的提高，只有通过市场调节，使得低碳产品、低碳技术、低碳服务市场化，才能充分调动企业的积极性，也才能够有力地影响到公众的消费习惯，逐步改变城市的消费模式、生活模式和生产模式，而良好的公共参与机制是保障公众和企业积极参与到低碳城市建设中的先决条件。

(5)加强科技支撑，推进低碳城市建设发展。低碳技术是实现我国城市低碳发展的核心，是提升未来城市竞争力的关键，也是摒弃发达国家发展老路和陈旧技术模式，实现我国城市跨越式发展的途径。抓紧研究制定反映低碳城市建设成效的指标体系和对各地低碳城市建设的指标完成情况的考核办法，切实加强二氧化碳等温室气体排放统计工作，建立完整的数据收集核算系统。加强科技支撑、建立评价和考核制度，为低碳城市建设提供技术支撑。加快示范与基地建设，提供经济、政策、管理相结合的有效模式。

3 杭州市打造低碳城市的 SWOT 分析

作为协调经济社会发展与应对气候变化的基本途径，低碳经济正逐渐取得全球越来越多的国家的认同。各个国家和城市都在积极探索低碳经济和低碳城市发展。杭州市作为一个经济发达而能源极度匮乏的城市，作为一个生态环境良好、工业化进程不断加速的国际旅游之都，在现阶段是否具备了打造低碳城市的基础？其必要性和可行性如何？这里运用 SWOT 分析方法对杭州市构建低碳城市的内部优势和劣势、外部机遇和挑战进行系统分析，为杭州市打造低碳城市的模式选择和发展策略提供科学依据。

3.1 优势分析

3.1.1 日趋高级化的经济发展阶段是低碳城市发展的基础

发展低碳经济、建设低碳城市必须以一定的经济水平为基础，改革开放以来尤其是进入 21 世纪后，杭州市经济发展迅速，经济发展阶段日趋高级化，这体现在人均 GDP 水平的不断提高和工业化进程的不断推进，这为低碳城市发展奠定了坚实的经济基础。

3.1.1.1 人均 GDP 水平不断提高，经济发展步入中等发达国家水平

，据统计，从 2004 年到 2010 年，杭州市人均 GDP 从 39293 元增长到 68398 元，按国家公布的 2010 年平均汇率计算，人均达到 9292 美元，经济水平不断提高（如图 3.1 所示）。

目前世界上虽然没有关于发达国家统一的经济指标划分标准，但发达国家必须具备较高的人均 GDP 和社会发展水平已经成为共识。2007年世界银行报告公布了最新的划分标准，2005 年人均国民总收入（GNI）875 美元以下为低收入水平（LIC）；876 ~ 3465 美元为下中等收入水平（LMC）；3466 ~ 10075 美元为上中等收入水平（UMC）；而 10076 美

元以上为高收入水平(HIC)。综合考虑收入划分标准提高和人民币升值因素,如果按照汇率计算,杭州市现在的人均 GDP 已跻身于"中上等"发达国家和地区,并正向世界的高收入水平迈进。

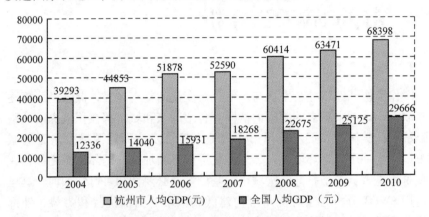

图 3.1　全国和杭州市人均 GDP 比较

资料来源:中国统计年鉴,杭州统计年鉴:2005～2011 年

杭州市较高的经济发展水平为低碳经济的发展奠定了良好的基础和条件。根据马斯洛需求层次理论,消费者的需求是分层次的,包括生存需求、享受需求和发展需求,一般来说,某一层次的需要相对满足了,就会向高一层次发展,追求更高一层次的需要就成为驱动力。随着杭州市经济水平的提高和生活条件的改善,人们开始关注环境生活品质的提高,市民的气候变化、环境保护的意识也会日趋增强。

3.1.1.2　工业化进程不断推进,经济发展进入高级化阶段

工业化在经济发展中举足轻重,工业化水平的不断提高可以促进一国(地区)经济上的自立和发展,有利于促进经济的协调发展。随着人均 GDP 的不断增长,经济的不断发展,杭州市的工业化进程也在不断的推进。这里用"霍夫曼定理"来分析杭州市的工业化进程情况。

霍夫曼定理是指在工业化的进程中,霍夫曼比例呈下降趋势(霍夫曼比例 = 消费资料工业的净产值/资本资料工业的净产值),一般地,工业化进程分为四个阶段(见表 3.1)。

表3.1 工业化进程中的霍夫曼比例

工业化阶段	第一阶段	第二阶段	第三阶段	第四阶段
霍夫曼比例	5.0(±1.0)	2.5(±1.0)	1.0(±0.5)	0.5以下

运用公式计算杭州市2004～2010年的霍夫曼比例(这里由于工业净产值难以测量,根据日本学者商品流动法,可运用轻工业产值和重工业产值来替代,见表3.2)。

表3.2 杭州市霍夫曼比例(2004～2010年)

	2004	2005	2006	2007	2008	2009	2010
轻工业产值(万元)	1976.19	2405.97	2909.35	3587.84	3873.53	3925.70	4511.58
重工业产值(万元)	2510.38	3035.16	4066.11	4763.56	5506.05	5320.29	6602.9
霍夫曼比例	0.79	0.79	0.77	0.75	0.70	0.74	0.68

资料来源:由中国统计年鉴、杭州统计年鉴2005～2011整理

由表3.2可知,截至2010年底,杭州市霍夫曼比例已经达到0.68,说明杭州市工业化进程处于由第三阶段向第四阶段过渡的时期,而且杭州市的霍夫曼比例都低于全国水平。这表明杭州市已经具备较高的工业化水平,发展低碳经济打造低碳城市,有较好的基础与潜力。

综上分析得知,随着杭州市经济的不断发展,人均GDP的不断增加,工业化进程的不断推进,经济发展阶段的日趋高级化,都为低碳城市的打造奠定了良好的物质基础。

3.1.2 渐趋转型的经济发展方式是低碳城市发展的前提

经济增长方式是指一个国家或地区经济实现长期增长所依赖的增长源构成、增长机制和途径,具体表现在推动经济增长的各种生产要素投入及其组合的方式上,其实质是依赖什么要素,借助什么手段,通过什么途径,怎样实现经济增长。杭州市经济发展方式的转变突出表现在产业结构的日益高级化和能源消费结构的不断调整优化。

3.1.2.1 产业结构趋于高级化,经济发展方式逐渐转型

经济发展不仅意味着国民经济规模的扩大,更意味着经济和社会生活素质的提高。因此,经济发展涉及的内容包括数量扩展、结构转换和水平提高,其中,产业结构是决定经济增长方式的重要因素。国内外实

践表明,经济发展都经历了产业结构高级化的过程。产业结构的高级化过程包括两方面的内容,即:在总体产业结构中不同产业的地位作用的变化(由第一产业向第二、第三产业转变);同一产业内部素质的更新(由劳动密集型向资本和技术密集型转变)。

杭州市在经济发展过程中,产业结构逐渐趋于高级化,表现在第一产业比重逐渐下降,由 2004 年的 5.2% 下降为 2010 年的 3.5%,第三产业逐渐上升,由 2004 年的 43% 上升为 2010 年 48.7%(如图 3-3),形成以现代服务业为主导的"三二一"产业结构。究其原因,可能与杭州市作为国际旅游城市有关,政府十分重视以服务业为主的第三产业发展,将文化创意产业、大旅游产业、金融服务业、商贸服务业、现代物流业、信息与软件服务业、科技服务业、中介服务业、房地产业、社区服务业十大门类确定为杭州现代服务业的发展重点。

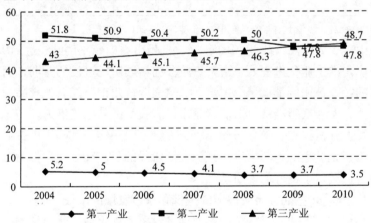

图 3.2　杭州市国内生产总值的构成(2004~2010)

资料来源:杭州统计年鉴:2005~2011 年

由图 3.2 可知,近五年来,杭州市经济发展中第一、二产业的比重都有所减少,第三产业的比重逐年增加。2010 年杭州市三次产业比重为 3.5∶47.8∶48.7,其中:第一产业增加值 207.96 亿元,第二产业增加值 2844.47 亿元,第三产业增加值 2893.39 亿元。杭州市第三产业发展势头迅猛,比重接近 50%。一般而言,第一、二产业都比第三产业耗能大,第三产业能够以更低的能源投入、更少的 CO_2 排放获得更多的社会产出，是更为环保和低碳的产业。大力发展第三产业可以为低碳城市建设提供良好的基础条件。由此可见，杭州市发展低碳经济具备良好的产业基础。

3.1.2.2 能源消耗逐渐下降，高碳发展模式逐渐转型

能源消耗总量和经济能耗强度，是衡量经济发展水平的重要标志，高碳发展模式必然导致大量的能源消耗。随着产业结构的调整，第三产业比重的不断加大，能源消耗也会有所下降。

低碳城市建设要以低碳经济为基础，低碳经济的实质是提高能源利用效率和创建清洁能源结构。杭州市在经济发展中能源消耗不断下降，表现在单位 GDP 能耗呈现出下降趋势，如图 3.3 所示。

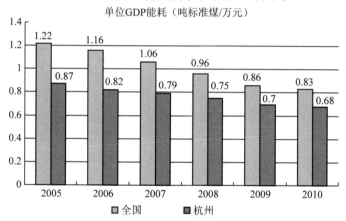

单位GDP能耗（吨标准煤/万元）

图 3.3 全国和杭州市单位 GDP 能耗(2005~2010 年)

资料来源：中国统计年鉴、杭州统计年鉴 2006~2011

图 3.3 可知，2005~2010 年杭州市单位 GDP 能耗逐年降低，2005~2010 年单位 GDP 能耗累计下降 21.84%，2007 年至 2010 年，规模以上企业万元工业增加值综合能耗累计下降 21.19%。与全国相比，杭州市的单位 GDP 能耗远远低于同期全国水平。其中 2005 年，全国单位 GDP 能耗为 1.22 吨标准煤/万元，而杭州市为 0.87 吨标准煤/万元。2010 年，全国单位 GDP 能耗为 0.83 吨标准煤/万元，而杭州市为 0.68 吨标准煤/万元，历年杭州市单位 GDP 能耗比同期全国单位 GDP 能耗低至少 18 个百分点。由此可见，随着经济的不断发展，杭州市的能源消耗逐渐下降，这也表明杭州市高碳发展模式的逐步转型。

　　杭州市在保持经济持续迅速发展的同时，全面推行清洁生产，推动资源节约和综合利用，运用循环经济模式来提升、改造资源型产业，积极推进经济结构调整和产业优化升级，同时大力发展高新技术产业，使杭州市的工业逐步走向低耗能、低排放、低污染道路。据统计，2010年全市化学需氧量和二氧化硫排放量较2009年分别减少3.0%；工业废气中二氧化硫排放达标率、工业废水排放达标率分别达到99.5%和98%；全市城市污水集中处理率由2009年的89.3%提高到92%。

　　综上分析得知，随着第一、二产业比重不断下降，第三产业比重不断上升，产业结构趋于高级化，经济发展方式逐渐转型，能源消耗不断的降低，高碳发展模式逐步转变，这为低碳经济的发展提供前提。

3.1.3　优良的生态环境是低碳城市发展的保障

　　发展低碳经济应该从两个维度来考虑：一是减少排放，二是增加碳汇。优良的生态环境是增加碳汇的主要途径，是建设宜居城市、特色城市和魅力城市的基础，同时也是低碳城市追求的目标。

3.1.3.1　丰富的森林资源为增加森林碳汇提供了条件

　　杭州市处于亚热带常绿阔叶林植被带，森林资源丰富，2010年杭州市林地面积116.92万公顷，森林面积108.66万公顷；活立木总蓄积4587.19万立方米，其中森林蓄积4458.39万立方米；全市森林覆盖率64.56%。2010年林地各地类面积比例见图3.4。

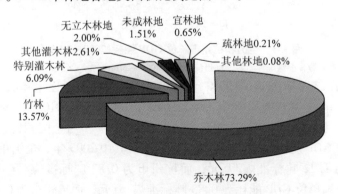

图3.4　林地各地类面积比例

资料来源：森林资源清查资料

2010年全市森林吸收二氧化碳918.11万吨，释放氧气667.61万吨。各种森林类型累计产生生物量569.44万吨，扣除因森林采伐利用、自然枯损等原因的减少生物量，净增生物量259.32万吨。全市森林植物积累的总生物量6744.88万吨，森林植被有机碳总储量3092.52万吨，固定二氧化碳累计总量10874.77万吨。2010年杭州市产生森林生态效益482.99亿元，平均每公顷森林生态效益43050元。

森林是天然"氧吧"，它在生长过程中通过光合作用吸收大气中CO_2合成有机质，并以森林生物量的形式贮存有机碳。杭州市丰富的森林资源，能够带来良好的生态效益。研究表明，森林是陆地上最大的储碳库，陆地生态系统中57%的碳都储存在森林中，全球每年大气和地表碳流动量的90%都来源于森林。森林每生长1立方米，平均吸收1.83吨CO_2，放出1.62吨氧气。而且，森林固碳的时间很长，只要不腐烂或燃烧，木制品中储藏的碳就会长期稳定地保持下去。同时，森林又是最经济有效的吸碳器。总之，杭州市丰富的森林资源，为增加碳汇提供了良好的条件，发挥了重要的作用。

3.1.3.2 优良的城市生态环境为缓解"热岛效应"提供了可能

近年来，杭州市以生态立市为理念，结合优越的自然生态环境，构建了"山、湖、城、江、田、海、河"的城市生态基础网架，重点建设了"四园（四个近郊森林公园）、多区（水源保护区、湿地保护区、风景名胜区）、多廊（滨水绿廊、交通绿廊）"，形成了"两圈（内外圈）、两轴（钱塘江、运河）、六条生态带"的生态景观绿地体系。以创建具有杭州特色的国际花园城市和国际风景旅游城市为目标，高度重视城区，特别是旧区的绿化建设，积极开辟沿江、沿河、沿路绿带，合理配置各级公园绿地，建设好居住区、工厂、单位内附属绿地，发展垂直绿化和屋顶绿化，提高城市道路绿化水平，重视城市林木种植，实现"乔、灌、草"的合理配置，以绿篱代替围墙，提高绿化覆盖率和绿化效果，形成融山、水、林、园、城为一体，点、线、面相结合的城市绿地系统。2010年城区绿地面积148.45平方千米，城区绿地率35.98%，建成区绿化覆盖率为40.0%，人均公园绿地从2005年的10.44平方米上升到15.1平方米。

综上分析得知，杭州市拥有比较完善的城市生态环境系统，优良的森林生态环境吸收了大量的 CO_2，同时也降低了城市噪音，从而达到减少和消除杭州市的"热岛效应"的目的，为低碳城市发展提供了环境保障。

3.1.4 "生活品质之城"的目标是低碳城市发展的动力

2007 年杭州市将"生活品质之城"作为最高层面、最为准确的城市定位和城市品牌，把共建共享与世界名城相媲美的"生活品质之城"作为今后发展的奋斗目标，这就为低碳城市发展提供了不竭的动力。

3.1.4.1　环境生活品质是"生活品质之城"的关键所在

生活品质表示人们日常生活的品位和质量，包括经济生活品质、文化生活品质、政治生活品质、社会生活品质、环境生活品质"五大品质"。其中环境生活品质是生活品质之城核心内容的关键所在和最高目标。人们首先满足吃穿住行用等基本生活需求和基本的社会经济要求，然后才关注政治、文化、环境等更高一层次的生活品质。"五大品质"之一的环境生活品质就要求在不断提高经济、文化生活的同时，要注重环境与经济、文化的协调发展，不断地提高产业层次，优化生存环境，转换消费模式等。在现阶段杭州市经济社会水平已经达到一定的高度，人们基本的经济社会要求已经得到较好的满足，"生活品质之城"关注的更多的是人们更高层次的要求。

从这个意义上说，环境生活品质的提高，也就成为"生活品质之城"建设的关键所在。要把杭州建设成为能够与国际名城媲美的国际性的大都市，就必须不断提高杭州市的环境生活品质。

3.1.4.2　发展低碳城市是提升环境生活品质的必然要求

杭州发展低碳城市，是对生活品质理念的具体实践和内涵的深化提升，同时也是"生活品质之城"的题中之义和必然要求。环境生活品质呼唤着城市森林，呼吁着市民的绿色出行，召唤更多的人选择低碳的生活方式。

低碳城市注重森林碳汇的重要作用，利用城市森林直接吸收城市中排放的 CO_2，森林减少热岛效应，调整城市气候；低碳城市呼吁市民的绿色出行，为减少人们对小汽车的依赖，减少环境污染，2008 年 5 月杭州市率先在国内推出免费自行车租赁，不仅有助于解决城市行路难，同时也是在公众身边的减碳行动；低碳经济有利于催生低碳的生活方式，促进生活品质更高尚。杭州百姓在关注"低糖"、"低脂"的同时也开始崇尚"低碳"的生活方式，在生活细节上注意节能减耗，降低温室气体尤其是CO_2的排放量，关心个人生活中的"碳足迹"。

可见，低碳城市是"生活品质之城"建设的必然要求，是不断推进杭州"生活品质之城"建设的有效手段，而"生活品质之城"之目标也成为发展低碳城市的动力之源。

综上所述，杭州市在经济、环境、发展动力等多个方面都具有发展低碳城市的优势。发达的经济为杭州市低碳城市的建设奠定了坚实的物质基础，不断优化并逐步向低碳模式转型的产业结构为低碳城市建设奠定了重要前提，优良的生态环境，为打造低碳城市提供了重要保障，而"生活品质之城"的定位和品牌发展，则为低碳城市的发展注入了不竭的动力。但低碳经济与低碳城市毕竟是一个新生事物，是一种对现有生活方式和生产方式的革命性变革，杭州市在打造低碳城市的过程中仍面临一系列的难题。

3.2 劣势分析

3.2.1 能源资源禀赋结构性失调

杭州市能源资源禀赋匮乏，能源消费结构单一，给低碳城市发展带来了巨大的压力。

3.2.1.1 能源资源禀赋

浙江省是一个"资源小省"。浙江的陆域矿产能源资源贫乏，主要矿产能源的资源量为：煤炭保有储量12000万吨，仅为全国的0.1%；水力资源总量930万千瓦，仅为全国的0.9%；陆域基本无油气资源，海上待探明的除已被上海开发的平湖油气田外，只有100万～200万吨凝析油三级储量。杭州市自然资源更是匮乏。煤炭、天然气、石油等一次能源基本依靠外部调入，所消耗的原煤及煤制品绝大部分都需要通过铁路和运河从山西、安徽、山东等省份调入，成品油来源也基本依靠市场调配，商品能源的90%以上依靠外省调入和进口，这决定了杭州市能源对区外具有完全的依赖性。

3.2.1.2 能源消费结构分析

2010年全市规模以上工业企业能源消费结构中，煤炭占55.31%，油品占 12.20%，电力占 18.65%，热力占 13.84%（图 3.5）。2010 年，杭州市全年用电量达到 521.93 亿千瓦时，其中城乡居民生活用电 63.5 亿千瓦时，人均生活用电量为 921 千瓦时（按照户籍人口 689.12 万计算），位居全国城市前列。2008 年全市共销售汽油 78 万吨；柴油 134 万吨；重油 12 万吨。总体上杭州市能源消费水平基本与经济发展水平相适应，但在能源消费上还存在结构失衡的问题。

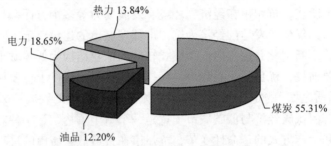

图 3.5   2010 年杭州市能源消费结构

资料来源：杭州 2011 年统计年鉴

当前杭州市每万元工业产值能源消耗仍处于高位，能源利用效率仍然偏低，各指标与发达国家相比还有一定的差距，同时也超出了杭州自身能源的支撑能力。2010 年发布的《浙江省能源与利用状况》白皮书揭示，"浙江能源自给率不到 10%，全省能源消费总量的 90% 以上要花钱买。"然而，2010 年中国能源自给率已达到 92%。在杭州市能源自给率不断降低的情况下，能源高度依赖外地能源市场，必将影响和制约杭州市经济社会发展。

长期以来，杭州工业能源消费主要以煤炭为主，天然气、石油制品等优质清洁能源比例偏低。能源消费总量的增加势必引起碳排放量的增长，面临越来越大的环境压力。杭州市能源结构存在不合理问题比较突出，能源供给过分依赖煤炭，三产能源消耗比例失调，新能源所占比例偏低。杭州正处于经济高速发展时期，处于能源利用高速增长阶段，通过调整能源结构，建设低碳城市存在较大压力。

3.2.2　城市交通模式制约明显

交通是能源消耗大户，是全球温室气体排放的主要来源之一。据美国能源部预计：到 2020 年，交通用油将占全球石油总消耗的 62% 以上。城市交通模式对低碳经济的发展有重要影响，高碳的交通模式必然会给低碳城市的发展带来巨大的压力。

3.2.2.1 以公路运输为主的交通导致高碳交通的产生

近几年来，杭州公路水路交通基本设施得到改善，行车速度有所提高，行车时间有所缩短，水上运输有所改善。具体情况如表 3.3 所示。

表 3.3 2010 年全市客货运输量

项　目	客运量(万人次)	比例(%)	货运量(万吨)	比例(%)
铁　路	2741	8.1	379	1.4
民　航	904	2.7	17	0.1
公　路	29671	87.9	19148	73.9
水　路	456	1.3	6371	24.6
总　计	33772	100	25915	100

资料来源：杭州 2011 年统计年鉴

客运中，公路为主要方式，2010 年客运量为 29671 万人次，占全部客运量的 87.9%，其次是铁路，比例为 8.1%，民航和水路的比例分别为 2.7%、1.3%；货运中，主要的运输方式仍是公路，2010 年货运量为 19148 万吨，占全部客运量的 73.9%，其次是水路，比例为 24.6%，铁路和民航的比例分别为 1.4%、0.1%。由此可见，无论是客运还是货运，杭州市的主要运输方式都是公路，而且在交通中占据绝对重要的地位。

不同的交通方式会产生不同的碳排放量。在能源消耗方面，小汽车平均每人每千米排碳 510g，飞机每人每千米排碳 180g，而公交车、长途大巴、火车每人每千米排碳为 62g，自行车和步行则是零排放。火车每吨千米的能耗只有 118 千卡，大货车是 696 千卡，中小卡车(家用)达 2298 千卡。也就是说，同等货物通过铁路运输的碳排放仅为高速公路的 5% 至 20%，而且单位运输用地可节约 20 至 30 倍。由此可见，以公路为主体的城市交通模式必然会导致高碳的交通模式，而这对能源的需求量又提出了更高的要求，加剧了杭州市原本能源资源紧张的状况。

3.2.2.2 日趋增加的汽车消费给低碳交通带来压力

杭州市虽然在不断倡导绿色交通，公交优先，低碳出行，但是随着经济的发展,杭州市机动车数量增长迅速,尤其是私家车的数量以每年123.7%的速度增长。截至2010年底,杭州市市区机动车保有量已接近138万辆(表3.4)。城区近70%的家庭拥有机动车,行路停车难问题逐渐成为影响民生的突出问题之一。如前所述,小汽车平均每人每千米排碳510g,如此巨大规模的机动车拥有量,势必给杭州市低碳交通发展带来巨大压力。

表3.4 2010年底杭州市区机动车数量统计

项目	数量(辆)	项目	数量(辆)
民用汽车拥有量:	1055666	载货汽车:	128762
私人汽车	790298	重型载货汽车	19726
载客汽车:	919251	中型载货汽车	24358
大型载客汽车	12433	轻型载货汽车	83813
中型载客汽车	14675	微型载货汽车	865
小型载客汽车	866716	摩托车:	319863
微型载客汽车	25427	普通摩托车	277876
其他汽车	7653	轻便摩托车	41987
		总量:1379822	

资料来源:杭州2011年统计年鉴

3.2.3 低碳技术创新能力不足

3.2.3.1 低碳技术研发能力不足

低碳经济的重点在于改造传统高碳产业,加强低碳技术创新。纵观发达国家低碳政策,重点在改造传统高碳产业,加强低碳技术创新方面,但又各具侧重点。在低碳技术研发方面,欧盟的目标是追求国际领先地位,开发出廉价、清洁、高效和低排放的世界级能源技术。英、德两国将发展低碳发电站技术作为减少CO_2排放的关键。为此,英、德两国政府调整产业结构,建设示范低碳发电站,加大资助发展清洁煤技术、收集并存储碳分子技术等研究项目,以找到大幅度减少碳排放的有效方法。

技术创新是未来社会经济发展的核心,而目前杭州市低碳技术较为缺乏,主要原因是低碳研发能力不足。研发能力不足体现在两个方面:

一是缺乏人才。技术创新都是需要人才进行不断研发，对于低碳经济，这是一个新的事物，而且处于刚刚起步阶段，低碳技术专业人才十分缺乏。二是缺乏新技术，虽然杭州市现在已经掌握一些新技术，但还是远远不能够满足当今经济发展的需求，而且已掌握的技术短时间无法实现产业化。虽然杭州市的经济不断转型，产业结构趋于高级化，但是目前所掌握的关于发展低碳经济的技术是非常稀少的。

3.2.3.2 低碳技术应用领域不广

低碳技术创新能力不足的另一方面就是低碳技术应用领域不广。主要体现在三个方面，一是由于发达国家技术封锁，先进的低碳技术引不进来或难以引进。如引进的"门槛太高"，成本或者费用无法承受。二是在发展低碳经济的过程中由于种种原因，如，引进技术与产业结构之间的矛盾，因经济发展模式的不同，以致引进的技术"水土不服"等，导致这些国际技术的转移不能够发挥实质性作用。三是现有成熟技术的普及率偏低。现在很多能源消费者只有落后的技术水平和能源能耗管理能力，这些低级能源利用技术根本不需要欧美技术来解决，目前已拥有的技术已经可以解决，关键是用不用以及在多大程度上使用。

总之，杭州市每年消耗能源量在不断增加，而能源的开采技术、转换技术、应用技术与发达国家比较还相对落后，实施技术改造和提升产业结构的难度仍较大。杭州市虽然在新能源的利用上有了起步，但是与发展低碳经济的要求相比距离较大。杭州市迫切需要研发的低碳技术包括节能和清洁能源、可再生能源、农业和土地利用方式等领域开发的有效控制温室气体排放的新技术。

3.2.4 低碳城市建设认知薄弱

在发展低碳经济、打造低碳城市的过程中，"普通民众拥有改变未来的力量"。如果用10瓦的节能灯取代亮度相近的60瓦白炽灯，以全国推广使用12亿只、每天工作4小时算，每年可节省一个三峡大坝全年的发电量。由此可见，生生不息的市民力量在杭州市打造低碳城市中的巨大作用。如果公众认知高，那么城市建设会得到公众的大力支持，反之则不利于城市的低碳发展。因此，居民对低碳经济的认知直接影响到低碳城市的建设。

低碳城市是在应对气候变化大背景下产生的，为了更好的了解公众对气候变化、低碳城市、低碳经济的认知，课题组试图通过气候变化以及森林碳汇的支付意愿等方面的问卷调查来了解公众对低碳经济的认知，具体做法是在杭州随机发放调查问卷（包括实地发放调查问卷和和网上电子邮件发放）。

3.2.4.1 样本特征

在第 3 次公众调查中，笔者在杭州地区共对 310 位公众进行了调查，收到有效问卷 302 份（其中，杭州实地调查问卷 212 份，网上电子邮件 90 份），样本有效率达 97.4%。

被调查者的基本情况：男性较多（57%）；19 ~ 35 岁的居多（70.5%）；大学文化较多（54.6%）；有 35.4% 的公众人均月收入在 2000 ~ 5000 元之间，31.8% 的在 1000 ~ 2000 元之间，小于 1000 元的占 21.9%（主要是学生）；所在单位在企业的居多（40.1%），居住在城市的居多（47.7%）。

3.2.4.2 具体认知情况

有 95.4%（288 份）的人认为现在气候异常；有 25.5%（77 份）的人认为缓解气候变化（减少 CO_2 排放）应主要由个人来负责。89.7%（271 份）的人认为，个人和家庭有必要减排；67.5%（204 份）的人愿意为自己生活中排放的 CO_2 付费，30.1%（91 份）的答案是不愿意，另有 2.3%（7 份）没有回答。知道森林有吸收 CO_2 作用的人占 83.4%（252 份）；在对森林生态功能的认知情况调查中，80.5%（243 份）的人没有听说过森林碳汇。认为森林吸收 CO_2 应该得到补偿的占 84.8%（256 份）；其中选择"政府直接补偿"的占 65.2%，选择"设立森林生态税"的占 43.3%，选择"开发利用森林单位给予补偿"的占 55.6%；有 74.5%（225 份）的人愿意为森林吸收 CO_2 的功能支付费用，25.5%（77 份）的答案是不愿意；在对森林经营者进行支付的渠道选项中，选择"购买森林生态专项基金（或彩票）"的占 45.4%，选择"个人交森林生态税"的占 39.7%，选择"从水电费中支付"的占 28.1%。

由此可见，公众对气候变化和森林生态功能的一般认知是具备的，但是涉及到低碳方面的，公众的低碳意识都不高。公众低碳生活比较薄弱，表现在消费习惯、不同消费品的需求、消费理念等方面。如利用私家车的比例都很高。发展低碳经济、建设低碳社会、打造低碳城市属于新生事物，市民对于低碳的认识程度比较低，因此在低碳城市建设过程中需要市民共同参与存在一定阻力。

综上所述，杭州市能源资源禀赋与能源消费结构中存在的不协调已经严重限制了杭州市未来发展的空间，以公路为主的城市交通模式和日益增多的机动车辆带来的环境和社会问题越来越突出，公众对于低碳城市认知程度较低导致公众参与的积极性不高，这极大的削弱了低碳城市的建设力量。但尽管如此，必须看到杭州市现阶段发展低碳经济、建设低碳城市面临着前所未有的机遇，在今后的发展中抓住机遇，直面挑战，解决难题才是最为正确的选择。

3.3 机遇分析

3.3.1 国际技术转移和发展模式借鉴

在发展低碳经济和低碳城市的过程中，世界各国都把低碳技术放在突出的位置上，形成了一些先进的成熟的低碳技术。同时，也对低碳经济和低碳城市的发展路径和发展模式进行了探索，如英国，美国，德国，日本，法国，丹麦，这些都为杭州市发展低碳经济和低碳城市提供了借鉴和条件。

3.3.1.1 国际低碳技术及其转移为低碳城市建设提供了可能

随着低碳经济的发展，世界各国加大对低碳技术的投资和研发，在低碳技术方面取得了巨大的进展，形成了一批先进的成熟低碳技术。如，电力行业中煤电的整体煤气化联合循环技术(IGCC)、高参数超超临界机组技术、热电多联产技术等；可再生能源和新能源技术方面，大型风力发电设备、高性价比太阳能光伏电池技术、燃料电池技术、生物质能技术及氢能技术等；交通领域中，汽车的燃油经济性问题、混合动力汽车的相关技术等。

同时，在气候变化的大背景下，国际合作的日益加深，这也为国际间技术转让提供了良好外部环境。2007 年制订的"巴厘岛路线图"中强调应对气候变化中的技术开发和转让问题，促进发达国家向发展中国家的转让先进技术，为全球进一步迈向低碳经济起到了积极的作用。金融危机的爆发为国际低碳技术的引进又提供了重要机遇。因为金融危机不仅影响了欧美各国政府，而且更大程度地影响了其企业。在低迷的经济形势下，欧洲国家愿意以低价将新能源技术转让，北欧的许多大公司、中小企业都有意愿低价卖出核电、提高能效等方面的关键技术。这也为从发达国家引进高效节能技术、产品、设备，甚至并购公司提出了难得的机会。

3.3.1.2　国际低碳城市发展模式为低碳城市建设提供了借鉴

目前，世界各国如英国、日本、美国、法国、德国、丹麦等都在积极探索低碳城市的发展路径和发展模式。虽然迄今为止还没有形成低碳城市建设成功的先例，但作为示范区形式的、点状的分布在局部地区的低碳城市还是存在的。随着低碳城市建设的不断展开，在国际上积累了一定的经验和成果值得借鉴。

英国贝丁顿零能耗发展项目(简称 BedZED)位于伦敦附近的萨顿市(Sutton)，整个项目占地 1.65hm²，包括 82 套公寓和 2500m² 的办公和商住面积，项目竣工于 2002 年。这个项目被誉为英国最具创新性的住宅项目，其理念是给居民提供环保生活的同时并不牺牲现代生活的舒适性。其先进的可持续发展设计理念和环保技术的综合利用，使这个项目当之无愧地成为目前英国最先进的环保住宅小区。在这里太阳能、风能等自然环保能源被充分利用，废物被回收用来发电，私车"合营"、集中供暖。其设计理念是，建造一个"零能耗发展社区"。

丹麦 Beder 的太阳风社区(Sun & Wind Community)是由居民自发组织起来建设的公共住宅社区(Cohousing Community)，竣工于 1980 年，共有 30 户。该社区最大的特点就是公共住宅的设计和可再生能源的利用。该社区以太阳能、风能作为主要能源，侧重使用可再生能源和新能源，在使用过程中强调节能降耗，最大限度减少温室气体的排放和保持社区的优美环境。在丹麦类似于这样的生态村、生态城市还有很多，如珊姆索岛、洛兰岛、弗里德瑞克斯港等等。

此外，一直以来，日本提出要把日本打造成全球第一个低碳社会，为此也做了一系列的努力取得了一定的成就。这些低碳经济模式的运行、低碳实践的展开，为杭州发展低碳经济、打造低碳城市提供了有益借鉴。

3.3.2 国家战略推进和产业政策支持

随着全球气候变化问题的日益关注和缓解气候变化谈判的不断推进，中国政府本着"共同的但有区别的责任"原则，以一个负责任的大国的姿态尽最大努力为应对气候变化做出积极贡献，不断推进低碳经济发展战略，并且给予产业政策引导和支持。

3.3.2.1 低碳经济发展战略的推进，为低碳城市建设提供了良好的外部条件

随着中国经济社会的不断发展和应对气候变化问题的日趋国际化，中国不断调整国家发展战略，通过签订国际公约、制定战略、政策等行动，推进低碳经济发展战略，为低碳城市发展提供了良好的外部条件（表3.5）。

3.3.2.2 低碳产业政策的支持，为低碳城市建设提供了强有力的支撑条件

随着国家发展战略的调整和低碳经济发展战略的推进，中国的产业政策也在不断调整与优化，以节能减排为重点的低碳产业相关政策体系框架正在逐渐形成和完善，为低碳城市建设提供了强有力的支撑条件。

中国"十一五"规划纲要提出，"十一五"期间单位国内生产总值能耗降低20%左右、主要污染物排放总量减少10%。这是贯彻落实科学发展观、构建社会主义和谐社会的重大举措；是建设资源节约型、环境友好型社会的必然选择；是推进经济结构调整，转变增长方式的必由之路；是维护中华民族长远利益的必然要求。

2005年8月由国家环保总局主导的《促进中国发展循环经济的政策法规》正式启动。

2006年7月国家发改委发布《关于防止高耗能行业重新盲目扩张的通知》，要求严控新建项目特别是高能耗项目，要坚定不移地遏制高耗能行业盲目扩张的势头和倾向。

2006年8月，国务院发布《国务院关于加强节能工作的决定》。决定要求，通过大力调整产业结构、推动服务业加快发展、积极调整工业结构、优化用能结构，加快构建节能型产业体系。要强化工业节能，推进建筑节能，加强交通运输节能，引导商业和民用节能，抓好农村节能，推动政府机构节能。

表 3.5 中国低碳经济发展战略的推进

年份	代表性事件和行动	主要内容
1992.6	签署《联合国气候变化框架公约》	全面控制 CO_2 等温室气体排放,以应对全球气候变暖给人类经济和社会带来不利影响
1994.3	颁布《中国 21 世纪议程—中国 21 世纪人口、环境与发展白皮书》	其中第 13 章"可持续的能源生产和消费"设置了 4 个方案领域:①综合能源规划与管理;②提高能源效率与节能;③推广少污染的煤炭开采技术和清洁煤技术;④开发利用新能源和可再生能源
2002.9	核准《京都议定书》	规定了温室效应气体(CO_2、CH_4、N_2O、HFC、PFC、SF_6 等)排放量的数字削减指标、对象国、期限及详细的目标达成方法
2005.10	《中共中央关于制定国民经济和社会发展第十一个五年计划的建议》	将"建设资源节约型、环境友好型社会"作为基本国策,提到前所未有的高度
2006.12	颁布第一部《气候变化国家评估报告》	积极发展可再生能源技术和先进核能技术,以及高效、洁净、低碳排放的煤炭利用技术,优化能源结构,减少能源消费的 CO_2 排放;保护生态环境并增加碳吸汇,走低碳经济的发展道路
2007.6	发布《中国应对气候变化国家方案》	提出气候变化的影响及中国将采取的政策手段框架,包括:经济增长方式转型;调节经济结构和能源结构;开发新能源与可再生能源以及节能新技术;推进碳汇技术和其他适应技术等
2009.8	《全国人民代表大会常务委员会关于积极应对气候变化的决议(草案)》	提出要紧紧抓住当今世界开始重视发展低碳经济的机遇,加快发展碳捕捉及其储存利用技术、低碳能源和低碳产业,建设低碳型工业、建筑和交通体系,大力发展清洁能源汽车、轨道交通,创造以低碳排放为特征的新的经济增长点,促进经济发展模式向高能效、低能耗、低碳排放模式转型,为实现我国经济社会可持续发展提供新的不竭动力
2009.11	温家宝总理发表题为《让科技引领中国可持续发展》的讲话	要高度重视新能源产业的发展,创新发展可再生能源技术、节能减排技术、清洁煤技术及核能技术,大力推进节能环保和资源循环利用,加快构建以低碳排放为特征的工业、建筑、交通体系

2007 年 6 月国务院发布《国务院关于印发节能减排综合性工作方案的通知》。控制高耗能、高污染行业过快增长。严格控制新建高耗能、高污染项目。严把土地、信贷两个闸门，提高节能环保市场准入门槛。修订《产业结构调整指导目录》，鼓励发展低能耗、低污染的先进生产能力。根据不同行业情况，适当提高建设项目在土地、环保、节能、技术、安全等方面的准入标准。

2009 年国务院办公厅发布《关于印发节能减排工作安排的通知》(国办发〔2009〕48 号)，组织修订《产业结构调整目录》。在抓紧组织实施钢铁、汽车、造船、石化、轻工、纺织、有色金属、装备制造、电子信息、物流等重点产业调整振兴规划过程中，严格执行国家产业政策和项目审核管理规定，强化用地审查、节能评估审查、环境影响评价，从严控制高耗能、高排放行业盲目扩张。继续推动外商投资，产业结构优化升级。加大信息技术在传统产业中的应用力度，对高耗能、高排放行业进行改造和提升。

综上所述，无论是在国际还是在国内，发展低碳经济都面临重大机遇，国外有可引进利用的国际技术和可借鉴的国际发展模式；国内有低碳经济发展战略的不断推进以及低碳产业的政策支持等，这些都为杭州打造低碳城市提供了机遇。但是，外部环境是机遇与挑战并存的，在抓住机遇的同时要做好充分的准备迎接挑战。

3.4 挑战分析

3.4.1 低碳实践仍属起步，尚未形成规范的低碳经济发展路径

低碳经济概念提出的时间尚短，对于低碳经济的研究和实践还处于摸索阶段，无论是国际还是国内，可供借鉴的低碳经济发展模式还没有形成，低碳实践具有零散性和尝试性，尚未形成规范的低碳经济发展路径。

(1)低碳实践仍属起步。低碳实践仍属起步阶段，城市决策者对"碳减排"背后的气候变化及能源安全的相关背景缺乏了解，缺乏对发展低碳经济紧迫性的认识，对低碳城市的内涵、建设路径及可能遇到的困难没有准确和充分的理解和认识。同时，我国虽然已经制定了一些以节能减排为重点的低碳经济相关政策法规，但是至今仍未形成完整的低

碳经济政策法规体系，包括国家的削减排放量的中期目标和长期目标、环境税(碳税)、排放权交易机制、温室气体管理的国际标准，以及最终能源中可再生能源所占比重的目标等。

(2)尚未形成系统科学的低碳经济发展路径。众多研究表明，经济发展和温室气体排放的关系非常密切(IPCC，2001)。向低碳经济转型的实质是经济增长和温室气体排放之间关系的不断"脱钩"(decoupling)的过程，其主要内容是制定温室气体减排目标以及相应的政策措施。但由于低碳实践仍属起步阶段，至今还没有形成规范的低碳经济发展路径。

城市的低碳发展涉及到经济、社会、人口、资源、环境等各个领域，是一项复杂的系统工程，虽然也有学者提出了一些发展路径，如基底低碳(能源发展低碳化)、结构低碳(经济发展低碳化)、方式低碳(社会发展低碳化)和支撑低碳(技术发展的低碳化)的低碳城市发展路径。但是这些发展路径都不能够系统的解决一个城市的低碳经济发展。比如基底低碳要求从基底上改变能源供给，加速从"碳基能源"向"低碳能源"和"高氢能源"转变，将彻底实现城市的低碳和零碳发展。当然对于杭州这样一个煤炭主导的能源消费结构，在短时间内实现这一转变是相当困难的。

3.4.2 城市低碳转型艰难，尚未形成成熟的低碳城市发展模式

3.4.2.1 城市由高碳向低碳转型艰难

处在工业化、城市化、现代化加快推进时期的中国，正处在能源需求快速增长阶段，大规模基础设施建设不可能停止；"高碳"特征突出的"发展排放"，成为中国可持续发展的一大制约。如何既确保人民生活水平不断提升，又不重复西方发达国家以牺牲环境为代价谋发展的老路，是中国必须面对的难题。同时，"富煤、少气、缺油"的资源条件，决定了中国能源结构以煤为主，低碳能源资源的选择有限。电力中，水电只有20%左右，火电达77%以上，"高碳"占绝对的统治地位。据计算，每燃烧一吨煤炭会产生4.12吨的CO_2气体，比石油和天然气每吨多30%和70%，而据估算，未来20年中国能源部门电力投资将达1.8万亿美元。而且中国经济的主体是第二产业，这决定了能源消费的主要部门是工业，而工业生产技术水平落后，又加重了中国经济的高碳

特征。

随着经济发展和人民生活水平的提高，能源消费和CO_2排放量必然还会持续增长，在杭州城市由高碳向低碳转型的过程中面临着来自"锁定效应"的挑战，即基础设施、机器设备、个人大件耐用消费品等，一旦投入，其使用年限均在15年乃至50年以上，期间不大能轻易放弃。能源基础设施建设对长期温室气体排放具有重大影响，投资所用的技术类型不仅会影响到当前的能源消费，同时还会加大未来实施变革的难度。因此，发展低碳经济，减缓温室气体排放，传统产业向低碳转型困难重重。因为，从国外来看，英国首先提出低碳经济，其工业化已经有一二百年的历史，更新设备的资金与技术相对容易，但却仍有数10家燃煤电厂及核电厂正面临寿终正寝的困境。而我国仍处在工业化之中，城市低碳转型必将困难重重，如，在积极发展电力过程中，想要避免传统燃煤发电技术的弊端，推广整体煤气化联合循环、超临界、大型流化床等先进发电技术和以煤气化为基础的多联产技术，尚无综合的国家决策和国际合作，高新技术难度极大。

3.4.2.2 尚未形成成熟的低碳城市发展模式

尽管欧盟、日本、美国等发达国家和地区在法律、制度和技术等各个方面都采取了一系列的具体措施和行动，为发展本国的低碳经济，各国都制定了具体的减排目标和行动方案，不断完善本国低碳经济的政策法规，通过市场机制和经济杠杆积极引导低碳经济发展，但是指导我国低碳城市发展的国际模式还没有出现。

我国已有保定、上海、广州、攀枝花、伊春等多个城市提出了建设低碳城市的构想，而且不同城市的发展模式都不相同，如，打造"太阳能之城"的保定，通过新能源制造业发展低碳产业；上海则是通过建筑节能打造低碳城市，广州运用城市交通发展低碳城市，攀枝花通过生物柴油的发展来推进低碳经济。还有不少城市正在加入打造低碳城市名片的行列。虽然专家、学者对低碳城市给出了不同的定义，但是到目前为止，很多地区对于低碳城市的认识还停留在节能减排和循环经济上，往往是将低碳城市建设简单等同于循环经济、节能减排等内容，仅停留在城市发展低碳经济的层面，缺乏系统性的安排。对于低碳城市的模式更是在摸索中发展，虽然已有的低碳城市都构建了自己的模式，但是在低碳城市的定位、特色以及重点等方面仍在探索之中，没有形成一个可借鉴的成功发展模式。

综上所述，低碳城市在产业转型和成功模式借鉴方面存在巨大挑战。

3.5 结 论

SWOT 分析可以看出，杭州市打造低碳城市，既有内部的优势和劣势，又有外部的机遇和挑战。据此提出四类可供选择的战略：①SO 战略，即依靠内部强项利用外部机会的策略；②WO 战略，即利用外部机会克服内部弱点的战略；③ST 战略，即利用内部强项去回避或减轻外在威胁的打击；④WT 战略，即直接克服内部弱点和避免外部威胁的战略。具体见表 3.6。

表 3.6 杭州市发展低碳城市的 SWOT 分析

内部条件 策略 外部环境	优势（S） ①日趋高级化的经济发展阶段是低碳城市发展的基础 ②渐趋转型的经济发展方式是低碳城市发展的前提 ③优良的森林生态环境是低碳城市发展的保障 ④"生活品质之城"之目标是低碳城市发展的动力	劣势（W） ①能源资源禀赋结构性失调 ②城市交通模式制约明显 ③低碳技术创新能力不足 ④低碳城市建设认知薄弱
机会（O） ①国际技术转移和发展模式借鉴 ②国家战略推进和产业政策支持	SO 策略 依靠内部强项，利用外部机会 ①推进工业化进程，发展低碳经济 ②根据国家战略和产业政策制定杭州市的低碳经济发展战略 ③借鉴国外低碳城市发展模式，打造杭州低碳城市	WO 策略 利用外部机会，克服内部弱点 ①提升产业结构，优化能源消费结构 ②引进国际技术，发展低碳经济 ③重塑绿色交通模式 ④培养和引进人才，加强低碳技术创新 ⑤加强低碳城市的宣传教育，提高公众的认知

（续）

内部条件 策略 外部环境	优势(S) ①日趋高级化的经济发展阶段是低碳城市发展的基础 ②渐趋转型的经济发展方式是低碳城市发展的前提 ③优良的森林生态环境是低碳城市发展的保障 ④"生活品质之城"之目标是低碳城市发展的动力	劣势(W) ①能源资源禀赋结构性失调 ②城市交通模式制约明显 ③低碳技术创新能力不足 ④低碳城市建设认知薄弱
威胁(T) ①低碳实践仍属起步，尚未形成规范的低碳经济发展路径 ②城市低碳转型艰难，尚未形成成熟的低碳城市发展模式	ST策略 利用内部强项，回避外部威胁 ①以经济发展为依托，发展现代服务业 ②降低能源消耗，发展低碳产业 ③再建森林系统，增加碳汇 ④构建城市水网，打造清凉杭州	WT策略 克服内部弱点，避免外部威胁 ①发展新能源产业 ②引导低碳交通消费 ③建立低碳社区，引导低碳生活方式 ④普及低碳教育

4 杭州市打造低碳城市的利益相关者分析

4.1 利益相关者理论概述

4.1.1 利益相关者界定

利益相关者(Stakeholder)理论的基本思想起源于 19 世纪盛行的一种协作和合作的理念。1963 年,斯坦福研究所首次使用了利益相关者这一术语。弗里曼把利益相关者定义为"任何可以影响组织目标的或被目标影响的群体和个人",或者说"任何能影响或为组织的行为、决定、决策、实践或目标所影响的个人或群体",并将利益相关者管理定义为"企业的经营管理者为综合平衡各个利益相关者的利益要求而进行的管理活动"。

利益相关者术语自 20 世纪 60 年代提出后,其发展是一个从利益相关者影响到利益相关者参与的过程,其中,经历了三个阶段。

(1)20 世纪 60 年代,斯坦福大学研究小组给出的利益相关者定义是:对企业来说存在这样一些利益群体,如果没有他们的支持,企业就无法生存。从此,人们开始认识到,企业存在的目的并非仅为股东(投资者)服务,在企业的周围还存在着许多关系到企业生存的利益群体。

(2)20 世纪 80 年代,美国经济学家弗里曼(Freeman)在进行了详细的研究后,认为利益相关者是能够影响一个组织目标的实现或者能够被组织实现目标过程影响的人。此定义提出了一个普遍的利益相关者概念,不仅将影响企业目标的个人和群体视为利益相关者,同时还将企业目标实现过程中受影响的个人和群体也看作利益相关者,正式将社区、政府、环境保护主义者等实体纳入利益相关者管理的研究范畴,大大扩展了利益相关者的内涵。

(3)20 世纪 90 年代中期,美国经济学家布莱尔(Blair)将利益相关者定义进一步深化,认为利益相关者是所有那些向企业贡献了专用性资产,以及作为既成结果已经处于风险投资状况的人或集团。利益相关者是企业专用性资产的投入者，只有他们对其专用性资产拥有完整的产权，才能相互签约组成企业。专用性资产的多少以及资产所承担风险的大小正是利益相关者团体参与企业控制的依据，可以说资产越多，承担的风险越大，他们所得到的企业剩余索取权和剩余控制权就应该越大，那么他们拥有的企业所有权就应该越大，这也为利益相关者参与企业所有权分配提供了可参考的度量方法。

主要以概念的思辨方法为主，Mitchell(1997)总结了从1963年有关利益相关者的第一个概念至今的27种代表性概念的表述，如表4.1所示。

表4.1 利益相关者的27种代表性定义

提出者	时间	"利益相关者"的定义	出处
斯坦福大学研究院	1963	是这样一些团体，没有其支持，组织就不可能生存	Freeman&Red(1983) Freeman(1984)
霍恩曼	1964	依靠企业来实现其个人目标，而企业也依靠他们来维持生存	Nasi(1995)
奥斯蒂德、杰努卡能	1971	是一个企业的参与者，他们被自己的利益和目标所驱动，因此必须依靠企业；而企业也需要依赖他们的"赌注"	Nasi(1995)
弗里曼、瑞德	1983	广义的：能够影响一个组织目标的实现，或者他们自身受到一个组织实现其目标过程的影响。狭义的：是那些组织为了实现其目标必须依赖的人	Freeman&Red(1983)
弗里曼	1984	是能够影响一个组织目标的实现，或受到一个组织实现其目标过程影响的人	Freeman(1984)
弗里曼、吉尔波特	1987	能够影响企业，或受到企业影响的人	Freeman&Gilbert(1987)
科内尔、夏皮罗	1987	是那些与企业有契约关系的要求权人	Cornell&Shapiro(1987)
伊万、弗里曼	1988	是这样一些人：他们因公司活动受益或受损；他们的权力因公司活动而受到侵犯或受到尊重	Evan&Freeman(1988)
伊万、弗里曼	1988	是在企业中"下了一笔赌注"，或对企业有要求权	Evan&Freeman(1988)
鲍威尔	1988	没有他们的支持，组织将无法生存	Bowie(1988)
阿尔卡法奇	1989	是那些公司对其负有责任的人	Alkhafaji(1989)
卡罗	1989	是在公司中下了一种或多种赌注的人	Carroll(1989)

（续）

提出者	时间	"利益相关者"的定义	出处
伊万、弗里曼	1990	与企业有契约关系的人	Evan&Freeman（1990）
汤普逊、斯密	1991	是与某个组织有关系的人	Hompson&Smith（1991）
萨维奇、尼克斯、怀特赫德、布莱尔	1991	利益相关者的利益受组织活动的影响，并且他们也有能力影响组织活动	Savage, Nix, Whitehead & Blair（1991）
黑尔、琼斯	1992	是那些对企业有合法要求的团体，他们通过一个交换关系的存在而建立起联系：即他们向企业提供关键性资源，以换取个人利益目标的满足	Hill&Jones（1992）
布热勒	1993	利益相关者与某个组织有着一些合法的不平凡的关系	Brenner（1993）
卡罗	1993	在企业中投入一种或多种形式的"赌注"，他们也许影响企业的活动或受到企业活动的影响	Carroll（1993）
弗里曼	1994	是联合价值创造的人为过程的参与者	Freeman（1994）
威克斯、吉尔波特、弗里曼	1994	利益相关者与公司关联，并赋予公司一定的含义	Wicks, Glibert & Freeman（1994）
朗特雷	1994	对企业拥有道德或法律的要求权	Langtry（1994）
斯塔里特	1994	可能或正在向企业投入真实的"赌注"，他们会受到企业活动明显或潜在的影响，也可以明显或潜在的影响企业活动	Starik（1994）
克拉克森	1994	利益相关者在企业中投入了一些实物资本、人力资本、财务资本或一些有价值的东西，并由此承担了某些形式的风险	Clarkson（1994）
纳斯	1995	是与企业有联系的人，他们使企业运营成为可能	Nasi（1995）
布热勒	1995	能影响企业又受企业活动影响	Brenner（1995）
多纳德逊、普尼斯顿	1995	是那些在公司活动的过程中及活动本身有合法利益的人和团体	Donaldson&Preston（1995）

资料来源：陈宏辉. 企业利益相关者的利益要求理论与实证研究. 北京：经济管理出版社，2004.

综上所述，利益相关者就是指那些能够影响某一特定目标的实现或者被该特定目标实现所影响的个人和群体。

4.1.2 利益相关者的分类

20 世纪 80 年代以后，学者从不同的角度对利益相关者进行了分类。学者对利益相关者的分类主要集中在"多维细分法"（以 Freeman，Frederick，Charkham，Clarkson，Wlleeler 等为代表）和"米切尔评分法"（Mitehell）两个方面。

4.1.2.1 多维细分法

例如弗里曼（1984）从所有权、经济依赖性和社会利益三个角度对利益相关者进行分类；弗雷德里克（1988）按是否与企业直接发生市场交易进行分类；查克汉姆（1992）按照相关群体与企业是否存在交易性的合同关系对利益相关者进行分类；克拉克森（1995）根据相关群体与企业联系的紧密性进行分类；Wlleeler（1998）将社会性维度引入分类标准，将利益相关者分为一级社会性（与企业有直接关系）、二级社会性（与企业有间接联系）、一级非社会性（对企业有直接影响但不与具体的人发生关系）、二级非社会性（对企业有间接影响且不与具体的人发生关系）四类利益相关者。详见表4.2。

表4.2 利益相关者的多维细分法

提出者	时间	"利益相关者"的分类	出处
弗里曼	1984	所有权(持有企业股票者)、经济依赖性(债权人、经理人员、员工、供应商、竞争者、社区等)和社会利益(政府、媒体)三个角度	Freeman(1984)
弗雷德里克	1988	直接利益相关者(股东、债权人、员工、供应商、零售商、消费者和竞争者等)和间接利益相关者(政府、社会活动团体、媒体、一般公众和其他团体等)	Frederick(1988)
查克汉姆	1992	契约型利益相关者(股东、债权人、顾客、供应商、分销商和员工等)和公众型利益相关者(政府、媒体、社区和全体消费群体等)	Charkham(1992)
克拉克森	1995	首要利益相关者(股东、投资者、雇员、顾客、供应商等)和次要利益相关者(媒体和各种特定利益集团)	Clarkson(1995)
Wlleeler	1998	一级社会性利益相关者(投资者、供应商、顾客、雇员、当地社区、其他商业合伙人等)、二级社会性利益相关者(如居民团体、相关企业、众多的利益集团等)、一级非社会性利益相关者(自然环境，人类后代等)、二级非社会性利益相关者(非人物种等)	Wlleeler(1998)

资料来源：滕琳，中小企业主要利益相关者关系质量、转向战略与转向业绩研究，中南大学硕士学位论文，2010.11

多维细分法的思路对于分析不同利益相关者的特有性具有重要意义，但是，理论上的高度概括使得这一理论在不同企业、不同时期的运用缺乏针对性、普适性和可操作性，最终降低了理论的实际价值。大多都停留在学院式的研究中，缺乏可操作性，从而制约了利益相关者理论的实际运用(陈宏辉、贾生华，2004)。

4.1.2.2　米切尔评分法

Mitchell(1997)从利益相关者的合法性、权力性、紧急性三个属性将利益相关者分为确定型利益相关者、预期型利益相关者、潜在利益相关者，这三个属性分别是：①合法性。某一群体是否被赋有或者特定的对于企业的索取权；②权力性。某一群体是否拥有影响企业决策的地位、能力和相应的手段。③紧急性。某一群体的要求能否立即引起企业管理层的关注。根据上述三个特性进行评分，利益相关者可被细分为三类。①确定型利益相关者。他们同时拥有对企业问题的合法性、权力性和紧急性。为了企业的生存和发展，企业管理层必须十分关注他们的愿望和要求，并设法加以满足。②预期型利益相关者。他们与企业保持较密切的联系，拥有上述三项属性中的两项。③潜在利益相关者。是指只拥有合法性、权力性和紧急性三项特性中一项的群体。当然利益相关者的分类是动态的，即任何一个个人或者群体获得或失去某些属性后，就会从一种形态转化为另一种形态。米切尔评分法受到了学者的大力推崇，优点主要表现在思路清晰，操作性强，简单可行。

其他学者也在米切尔评分法的基础上提出了各自的观点，万建华(1998)根据与企业的契约关系进行分类；李心合(2001)从合作性和威胁性两个维度将利益相关者分为四类；陈宏辉和贾生华(2004)从主动性、重要性和紧急性三个维度上对我国企业的 10 种利益相关者进行分类；此外，吴玲等(2005)、邓汉慧(2005)、郝桂敏(2007)等从企业需求和企业实力等角度对利益相关者进行分类，详见表4.3。

表4.3　利益相关者的米切尔评分法

提出者	时间	"利益相关者"的分类
Mitchell	1997	确定型利益相关者(股东、员工和顾客)、预期型利益相关者(投资者、员工和政府)、潜在利益相关者

（续）

提出者	时间	"利益相关者"的分类
万建华	1998	一级利益相关者和二级利益相关者
李心合	2001	支持型、边缘型、不支持型、混合型
陈宏辉、贾生华	2004	核心利益相关者（股东、管理人员和员工）、蛰伏利益相关者（消费者、债权人、政府、供应商和分销商）和边缘利益相关者（特殊利益团体和社区）
马吴玲等	2005	关键利益相关者、非关键利益相关者、边缘利益相关者
邓汉慧	2005	核心利益相关者、预期利益相关者、潜在利益相关者
郝桂敏	2007	重要利益相关者、次要利益相关者、一般利益相关者

资料来源：滕琳，中小企业主要利益相关者关系质量、转向战略与转向业绩研究，中南大学硕士学位论文，2010.11

4.2　低碳城市的利益相关者

从低碳城市来看，根据米切尔的三要素分类法，合法性可理解为某一群体是否被赋有或者特定的对于低碳城市的索取权；权力性即某一群体是否拥有影响低碳城市决策的地位、能力和相应的手段。紧急性即某一群体的要求能否立即引起低碳城市建设决策层的关注。依据上述方法，结合低碳城市建设的特征和涉及的范围和影响情况，本研究按照确定型利益相关者、预期型利益相关者、潜在利益相关者对低碳城市利益相关者进行界定（表4.4）。

4.2.1　确定型利益相关者

确定利益相关者，他们同时拥有对低碳城市建设的合法性、权力性和紧急性。为了低碳城市的构建和发展，必须十分关注他们的愿望和要求，并设法加以满足。他们是发展低碳城市不可缺少的群体，与低碳城市联系紧密，甚至可以左右低碳城市的发展。典型的确定利益相关者主要有政府、企业（高能耗、高排放）和森林经营者。

确定利益相关者对于低碳城市发展具有重要意义，是绝对不可或缺的。森林作为陆地上最大的"碳储库"和最经济的"吸碳器"，在低碳城市发展中具有至关重要的地位。因此，森林经营者包括农户和造林公司的各种行为直接影响到低碳城市发展；企业作为社会经济发展的重要主

表 4.4 低碳城市的利益相关者界定

利益相关者	紧迫性	权力性	合法性
1. 确定型利益相关者			
碳源产生者——高能耗、高排放企业	高	中	高
碳汇生产者——森林经营者	高	中	中
政府——中央政府	高	高	高
——地方政府	高	中	高
2. 预期型利益相关者			
所在城市公众	低	/	低
交易中介	/	中	中
一般企业	/	中	中
非政府组织	低	/	低
科技工作者	/	中	中
3. 潜在利益相关者			
消费者	/	低	/
相关产业	/	/	低
新闻媒体	低	/	/

体，在城市发展中的地位无可替代，企业的产业结构、能耗等情况都直接影响低碳城市发展，尤其是高能耗、高排放企业是碳源的主要产生者，对低碳城市发展影响巨大；政府包括国家和地方政府，作为低碳城市建设的主要推动者和政策供给者，在低碳城市建设中具有主导作用，政府主导力量主要体现在低碳城市治理的制度安排方面。如各种相关减排指标的制定和实施，都会对低碳城市发展产生重大影响。

4.2.2 预期型利益相关者

他们与低碳城市发展保持较密切的联系，拥有上述三项属性中的两项。这种利益相关者又分为以下三种情况：第一，同时拥有合法性和权力性的群体，他们希望受到关注，也往往能够达到目的，在有些情况下还会正式地参与到低碳城市发展决策过程中；第二，对低碳城市拥有合法性和紧急性的群体，但却没有相应的权力来实施他们的要求，这种群体要想达到目的，需要赢得另外的更加强有力的利益相关者的拥护；第三，对低碳城市拥有紧急性和权力性，但没有合法性的群体。一旦预期利益相关者的利益要求没有得到很好的满足或受到损害时，他们可能会显现出来，从而直接影响到低碳城市的发展，典型的预期利益相关者主要有公众及交易中介、一般企业、非政府组织、科技工作者等。

公众作为城市的重要组成部分，不但是低碳城市建设的执行者，更是低碳城市发展的收益者。公众的消费方式、出行方式等都会对低碳城市的建设产生重要影响，打造低碳城市为公众生活品质提高提供保障。低碳时代，碳权将日益稀缺，带来无数的交易可能，如何降低交易成本，充分挖掘市场潜力，交易中介扮演重要的角色，此外，由于交易中介往往拥有更多的信息，掌握更为全面准确的交易规则，成为打造低碳城市不可缺少的利益主体。对于一般企业，通常以追求最大利润为目标，较少考虑对环境和社会的影响。但是在低碳这个新的游戏规则下，要求企业有勇于承担社会责任的精神，将低碳经济作为企业自身发展的内在动力，对低碳的关注与投入必将实现社会效益与经济效益共赢的目标。非政府组织应发挥组织协调能力，积极配合建设低碳城市。以建设低碳城市为目标，结合杭州环境资源容量和经济发展需求，配合政府制定杭州低碳经济发展战略。技术的创新与进步是人类文明演进的基本动力，也是城市发展阶段的基本衡量尺度。低碳技术是打造低碳城市的重要支撑与保障。中国当前低碳水平较低，加之低碳技术是低碳经济发展的核心，关乎企业和国家的竞争力，所以低碳技术引进非常困难。科技工作者在低碳技术研发和推广中具有至关重要的作用，要尽快掌握和推广先进低碳技术，包括可再生能源及新能源、煤的清洁高效利用和开发、二氧化碳捕获与埋存、垃圾无害化填埋沼气利用等有效控制温室气体排放的新技术。

4.2.3 潜在的利益相关者

指只拥有合法性、权力性、紧急性三项特性中一项的群体。只拥有合法性但缺乏权力性和紧急性的群体，随打造低碳城市运作情况而决定是否发挥其利益相关者的作用。只有权力性但没有合法性和紧急性的群体，处于一种蛰伏状态，当他们实际使用权力，或者是威胁将要使用这种权力时被激活成一个值得关注的利益相关者。只拥有紧急性，但缺乏合法性和权力性的群体，在米切尔看来就像是"在管理者耳边嗡嗡作响的蚊子，令人烦躁但不危险，麻烦不断但无须太多关注"（Mitchell，

A. &Wood，D，1997），除非他们能够展现出其要求具有一定的合法性，或者获得了某种权力，否则并不需要、也很少有积极性去关注他们。这一群体往往受到低碳城市被动的影响，在低碳城市构建中，他们的重要性程度很低，共实现利益的紧迫性也不强。重要的潜在利益相关者主要有消费者、相关产业、新闻媒体等。

除了低碳技术、低碳消费、低碳产业也是打造低碳城市的支撑力量。低碳消费社会氛围没有形成，直接制约低碳城市的健康发展，消费是生产的最终目的，又是再生产新的需求起点。低碳消费通过现实消费需求引导低碳生产的方向。低碳消费是构建低碳城市的重要环节。没有消费者的低碳选择和身体力行，无以构建低碳社会和低碳城市。如果低碳产业经济总量比较低，不能支撑低碳城市的发展，产业结构的调整优化势在必行。相关产业应未雨绸缪，高碳产业要及时转型升级，规避风险，增强适应性，低碳产业要抢占先机，抓住机遇，提升竞争力。低碳氛围的营造和低碳城市蓝图的实现，离不开新闻媒体宣传和教育。通过新闻媒体的有力引导，可以提高公众的低碳意识，把"低碳城市"的理念融入到经济社会发展各方面，渗透到生产生活各领域。在公众调查中，对于低碳城市等相关概念和内涵的认知途径中最主要的来源就是新闻媒体。

综上所述，低碳城市建设与发展的利益相关者包括确定型利益相关者、预期型利益相关者和潜在利益相关者，当然这种划分是动态的，即任何一个人或者群体获得或失去某些属性后，就会从一种形态转化为另一种形态。下面简要描述政府、企业、森林经营者、公众等利益相关主体对低碳城市的认知与需求意愿等。

4.3　主要利益相关者对低碳城市的认知与需求意愿

4.3.1　政　府

低碳城市，或低碳社区（Low Carbon Zone），是城市和社区在发展过程中，保持能源消耗和CO_2排放处于较低水平，使城市规划、城市交通、城市建筑符合"低碳排放"的标准，政府有完整系统的倡导低碳生活、低碳消费的理念和制度保障（郭万达、艺婷，2009）。由此可见，政府作为低碳城市构建的核心利益相关者，政府对低碳城市的认知将会对低碳城市的构建产生重要影响。

气候变化影响到全球的政府治理结构的变化。国际经验表明，政府在低碳城市发展中扮演着重要的角色。国外学者将政府在气候变化与政府治理的关系概括为3个方面：①政府作为监管者(Regulator)，通过立法和政策制度创新为低碳城市发展提出目标和可能的措施；②政府作为提供者(Provider)，通过财政预算和有效手段为低碳城市发展提供条件和支持；③政府作为促进者(Facilitator)，通过促进社会其他部门，包括各级地方政府、社会机构、企业、市民等方面，来推动低碳城市的发展(Gotelind Alber and Kristine Kern，2008)。

国内学者认为，低碳城市就是政府、公民、市场共同协作的发展模式(戴亦欣，2009)。气候组织的报告认为，中国城市低碳领导力主要有4个要素，即政策制度、技术创新、融资机制与多方合作(气候组织，2009)。笔者认为，政府无论是监管者、提供者还是促进者，政府的政策制度创新是低碳城市发展的关键，政府通过政策导向和制度设计，引导、推动、促进、示范传统的城市向低碳城市转型。因此，政府的一系列政策制度安排是发展低碳城市最重要的因素。

实地调研发现，各相关政府部门对于低碳城市均具有一定程度的认知，对于所在部门的定位、拟采取的举措等方面都作了一定的思考，但缺乏打造低碳城市的总体设想，容易局限于本部门本领域的具体工作。对于政府部门来说，低碳城市是个新生事物，低碳城市建设相关的政策制度的构建，都需要在不断的摸索中进行，虽然如此，但政府部门对于低碳城市普遍是大力扶持的，各职能部门已经着手相关项目的推进和实施。以临安市为例，提出了"两创"战略："国家级生态市"和"环保模范城市"。临安市是国家低碳城市试点城市和浙江省生态文明试点城市，临安市政府提出了"环境立市"战略，颁布了《临安关于推进生态文明建设的规定》，临安的环境保护工作走在全省的前列。成立了多部门协调的城市环境综合治理小组，如，公安部门负责余热噪声治理，交通部门交通噪声治理，城建部门重点是建筑节能。同时，临安市还提出了调整优化产业结构，深化节能减排，强化环境污染重点监管等政策措施。

在哥本哈根会议上温家宝总理承诺：到2020年单位国内生产总值二氧化碳排放比2005年下降40%~45%。力保温室气体排放达标的政策手段有：一种是政策调控，资金补贴和碳定价。政府部门通常热衷于"零成本"的政策调控，企业喜欢有利可图的资金补贴，经济学家则看好高效率的"碳定价"。从国家层面来看，低碳目前已纳入中国政府的工作规划。目前政府提高了汽车能源能效标准，给生产电动汽车的企业、可再生能源企业较高的补贴，并将开展对私人购买新能源汽车予以补贴的试点工作。中国 2009 年生产了全球 40% 的光伏产品、超过 50% 的太阳能热水器，全球风电场的风电设备，至少有 70% 为中国本土生产和组装的。

　　随着全球气候变化问题日趋得到社会各界越来越多的重视，低碳城市发展成为刻不容缓的事情。因此，低碳城市发展成为政府一项重要工作。杭州市各级政府都在积极为打造低碳城市创造一切有利条件。

4.3.2　企　业

　　企业作为社会生产的主导力量，是构建低碳城市的的主体，其履行环境义务、承担环境责任是打造低碳城市的基础。所以，企业环境责任的实现对推动杭州市低碳城市的发展具有重要意义。同样，发展低碳城市所要求的技术创新、法律制度创新也将极大地推动和保障企业环境责任的实现。

　　企业作为推动低碳经济发展的主导力量，是否能够按照低碳经济发展的要求进行清洁生产、主动节能减排是低碳经济能否健康稳定发展的关键环节。在传统的经济模式中，生产者责任仅限于产品质量责任，而低碳经济模式下将生产者责任延伸至资源的循环利用和节约以及环境保护领域，让生产者承担原料选择及产品报废后的再利用和处置的责任，与此同时还必须考虑到低碳时代的节能减排要求。

　　在杭州市低碳城市构架中，企业发挥着重要作用。调查表明，在低碳经济发展下，企业认为走低碳经济之路，就是一项具有前瞻性的重大战略转型。从本质上说，低碳经济不排斥工业化，它是一个涉及多层面的产业体系，低碳产业也是孕育巨大市场潜力的新经济增长点。如何迎接低碳经济浪潮，考验着政府和企业的远见与智慧，只有超前谋划、掌握主动、赢得先机，才是正确的战略转型。企业向低碳战略转型不可逆转，低碳经济将成为中国经济发展和产业结构调整的新主题，更是一块新高地。在政府政策支持和技术创新下，积极的发展各种低碳产业或项目。

从哥本哈根会议可以看出，原本属于企业责任范畴的碳排放问题，正在变成衡量企业运营绩效的前沿指标。标准普尔与国际金融公司在哥本哈根共同发布了首个针对新兴市场的碳绩效评级指数（S&P/IFC Carbon Efficient Index），希望给全球投资者筛选新兴市场最具投资价值的公司给出新的指引。另外随着相关环境行政管理部门要加强管理监督职能，逐步扭转现有占统治地位的事后性罚款监督方式，对那些环境责任意识淡薄的企业起到很好的规范约束作用。

企业对低碳生产的发展需求将会越来越大。企业迫于绩效的压力，使得他律内化为企业内部的自律，从而促使企业承担环境责任。在企业内部建立环保考核制度，制定具体的绩效考核标准使其与广大员工的环保意识和环保行为紧密相关。通过各种宣传和教育活动，强化广大员工的环境责任理念使其成为企业文化的一部分。企业自觉履行环境责任，积极支持和参与包括环保在内的社会公益事业，为发展低碳经济和打造低碳城市贡献应有的力量。

在对杭州市特色企业的调研中，受访企业基本对杭州市打造低碳城市有所认知，对企业和城市的未来有着合理的预期。很多企业的低碳决策为打造低碳城市作出贡献，并获得了回报。比如，某集团研发的电动公交车已经在杭州推广使用，下一步准备进入私人电动车市场。富阳市污泥焚烧资源综合利用项目已经被列入国家循环经济重点项目，已完成一期碳汇交易，第二期的交易正在洽谈之中。凭借领先的低碳技术，某集团的节能改造项目应接不暇，发展前景看好。

4.3.3 森林经营者

森林能够固碳贮碳，是一个巨大的碳库，森林通过光合作用吸收二氧化碳，将碳贮存在木材和土壤中。木材可以代替石化燃料，可以代替钢、水泥、铝等高能耗材料，并降低二氧化碳排放量和能耗。在当前难以有效减少能耗和排放的情况下，发挥森林的"碳汇"作用，能够拓展城市生态环境容量，促进城市可持续发展。

森林经营者是开展碳汇林经营的主要力量。其中，国有森林经营者包括国有林场、森工企业和个人经营主体；而集体森林经营者则主要包括农户和村集体。从杭州市范围来看，与碳汇经营相关的森林经营者包括农户和造林公司。在森林经营中，经营者是唯一的能动性要素，经营者的观念、行为对森林碳汇开展有重要影响。由于低碳城市还处于起步阶段，森林碳汇更是一个新生事物，在国内市场还在不断完善，森林碳汇并没有完全的进行市场交易，因此，森林经营者对于低碳城市的认知较低。

为了解森林经营者对低碳城市的认知情况，这里尝试通过对浙江省临安市农村社区实地调查进行分析。毛竹碳汇林基地的调研分析将在第9部分详细论述。

4.3.3.1　案例点选择和农户样本特征

在临安市选择藻溪镇和太湖源镇两个镇的4个村进行调查，随机抽取120家农户。具体分布情况如表4.5所示：

表4.5　农户抽样调查分布

乡镇	藻溪镇		太湖源镇	
村	松溪村	严家村	东天目村	里村
数目	29	31	30	30

资料来源：农户调查

调查的主要内容包括：①农户的基本情况。农户的林业收入情况、耕地面积、林业收入占家庭总收入的比重；农户所使用的燃料以及所使用的交通工具。②农户对森林功能的认知。主要了解农户对于森林对生态环境改善这一功能的理解。③森林碳汇相关方面的调查。了解农户对于碳汇的认知及经营意愿等情况。

本次调查对象分布在临安市的藻溪乡和太湖源镇的4个村庄。按照性别分，男性78人，占65%，女性42人，占35%；按年龄分，18周岁以下、18~40周岁、40~60周岁、60周岁以上分别占3%、12%、65%和20%；按照文化程度分，小学及以下、初中文化、高中文化、大专及以上文化分别占55.85%、35%、7.5%和1.65%。其中，男性占多数，年龄在40-60岁的占多数，文化程度为小学及以下的占多数，在临安市农户当中具有一定的代表性。农户经营的主要林种为雷竹、毛竹和山核桃树。其中，雷竹和山核桃的收益较高。

4.3.3.2 农户对森林碳汇的认知及参与意愿分析——统计描述分析

（1）环保意识和碳汇的认知。调查结果显示，77.5%的农户知道森林有固定二氧化碳的功能（表4.6），说明农户对森林固碳的认识程度较高。不同年龄以及不同受教育程度农户的认知各异，农户对森林固碳的认识随年龄的上升而下降，随受教育程度的上升呈弱递增趋势。90%的农户对于周边环境的变化持积极地态度，认为周边的自然环境变好了，其中92.59%的人认为森林有助于环境的改善。这说明农户对森林改善环境的积极效果很认可，这对于森林生态功能及森林碳汇的宣传普及可以减少一定的阻力。5%的人认为现在的环境变差了，主要表现为气候异常、季节不明显，有些地方甚至由于工厂排污导致饮用水资源被污染。随着人们物质生活水平的提高，对于生活环境的要求也越来越高，所以森林碳汇项目的推广会得到农户的支持。

但调查发现，只有7.5%的人（9个）表示知道森林碳汇（见表4.6），这说明农户对于森林碳汇项目不太了解。其中有森林碳汇项目的严家村是将村集体的部分林地承包给富德宝公司，而农户对具体项目以及收益等情况根本不了解。这是由于森林碳汇项目刚刚引入中国不久，媒体报道宣传的力度不够大，政府以及相关人员对此的知识普及不够，公民关注度不高所造成的。再加上农户获取信息的途径单一，农户获取信息的途径主要是电视广播，但由于电视广播节目内容的变化性和居民看电视选择的随意性都比较大，因此造成获取碳汇知识的途径存在着不稳定性和随意性，因此也就不能够保证农户学习了解碳汇知识的系统性。

表4.6 农户相关认知情况统计

项目	森林吸收二氧化碳		碳汇认知		碳汇买卖经营		改变经营方式	
认知情况	知道	不知道	是	否	愿意	不愿意	愿意	不愿意
	77.5%	22.5%	7.5%	92.5%	84.17%	15.83%	72.5%	27.5%

资料来源：农户调查

（2）碳汇经营意愿及其方式选择。调查中发现，84.17%的农户对于碳汇交易持支持态度（表4.6）。调查表明随着受教育程度的提高碳汇经营的意愿比例在上升，这说明农户受教育程度越高越愿意参与碳汇交易。至于碳汇经营的意愿比例在年龄上呈现出来的递减趋势，原因在于年龄越大相对来说对新事物的接纳较慢。

同时，72.5%的农户表示愿意为了将来的碳汇项目改变其经营方式（表4.6），大部分农户为了节省时间和劳力通常用除草剂来除草，这样既节省时间又节约了成本，然而除草剂会使土壤软化，容易导致水土流失，同时也会影响竹子的生长。然而不使用除草剂，通过人工除草，大大增加了人工成本，而大部分农户没有足够的人力来进行人工除草。人工除草正是碳汇项目的要求，如果因此增加较大成本且没有相应的额外收益或补贴，则农户参与碳汇项目的积极性就不高了。可见，农户主要把经济利益放在首位。

农户的农业收入占家庭总收入的比例从0到100%不等，其中农业收入占家庭总收入的比例占100%的农户比重近35%，即三分之一强。林业经营的好坏影响到农户的家庭收入情况。调查中发现，农户担心最多的就是改变以往的经营方式来参与碳汇经营是否会对其家庭的收入带来不利影响，因为改变经营方式需要投入的资金会增加，是否可以收回成本，甚至盈利，这是农户考虑最多的方面，这也是一些农户持保留态度的原因所在。

在参与碳汇林经营方式方面，在被调查的农户中选择自己经营的占58%，选择联户经营的占12.6%，选择承包给别人的占8.4%，其他的（不了解或不确定）占21%。说明大多数农户愿意自己经营。然而在调查的农户中，每户的林地面积从0到7.33公顷不等，户均林地面积为1.07公顷。所以因碎片化现象的存在，对于已经分林到户的林地难以进行规模化经营碳汇林。

③碳汇交易对象的选择。在交易对象方面，41.7%的农户愿意将碳汇卖给政府，因为卖给政府相对来说稳定性要高，风险比较小，价格及需求量上不会有很大的变动，政府在这方面相对拥有优势。26.7%的农户愿意将碳汇卖给公司，有些农户考虑这样可以省去政府这个中间环节，而且，公司之间又存在竞争，相对来说出价可能会比较高，对于农户来说拥有较大的选择空间，收益会比较高。另外，14.2%的农户愿意将碳汇卖给村集体，主要是信任村集体；只有1.7%的农户选择卖给中介组织；3.3%的农户选择卖给个人；30.8%的农户选择其他，主要根据碳汇价格选择买家。

农户担心经营碳汇项目到底由谁来买单还是个问题，目前买家的不确定以及碳需求的有限性必然会造成卖碳难、不好卖的问题出现。这就需要政府在这个方面给予农户保障，可以由政府牵头帮助农户找买家，或者组织成立一个类似于合作社性质的组织，这样可以规避农户风险。

综上所述，农户的碳汇知识贫乏，但是有经营意愿的农户所占比例高，且大多数农户愿意自己经营，但同时农户对于经营风险存在担忧。

4.3.3.3 农户参与森林碳汇交易意愿的影响因素分析——Logistic 模型分析

（1）模型选择和变量说明。经济学理论认为，影响市场经济主体参与经济行为的因素包括经济主体的性别、经济收入水平、家庭劳动力结构和性别在内的一般特征，参加这种经济活动前后可能会对经济收入的影响，对参加该经济行为的价值取向的认识等。

本研究考察的因变量"是否愿意参加碳汇交易"为二值变量，传统的回归模型由于因变量的取值范围在正无穷大与负无穷大之间，在此处不适用。故采用二元因变量的 Logistic 回归模型，采用进入法对其回归参数进行估计。Logistic 回归模型为：

$$Logit(P) = Ln(\frac{P}{1-P}) = b_0 + b_1 x_1 + b_2 x_2 + b_3 x_3 + b_4 x_4$$

其中，p 为农户愿意参与森林碳汇交易的概率，$p/(1-p)$ 为公众愿意购买森林碳汇的发生比（$odds$），Xi 表示影响农户参与森林碳汇交易的各种因素，即自变量，包括被调查者的受教育年限（x_1）、家庭农业劳动力人口数（x_2）、林地面积（x_3）、是否认为森林具有改善生态环境的功能（x_4）（1 = 有，0 = 没有）。其中，前三个自变量是数值型变量，第四个是分类变量，有关变量说明见表 4.7。

（2）计量结果分析。本研究使用 SPSS 17.0 对模型进行了估计，逐步回归的参数估计和检验见表 4.8。模型系数的综合检验结果中，卡方值为 4.562，预测准确度为 0.803，模型汇总结果中，似然比检验值为 68.850，说明该模型总体估计效果较好。

表4.7　模型中有关变量说明

变量\因变量	变量定义	取值	取值定义
y	是否愿意参与森林碳汇交易	0，1	1 = 愿意，0 = 不愿意
解释变量			
x_1	受教育年限	1 ~ 15	单位：年
x_2	家庭农业劳动人口数	0 ~ 4	单位：人
x_3	林地面积	0 ~ 7.33	单位：公顷
x_4	是否认为森林具有改善生态环境的功能	0，1	1 = 是，0 = 否

表4.8　Logistic 回归参数估计和检验结果

解释变量	回归系数	标准误	Wald 统计量	显著度	发生比
x_1	0.237 ***	0.090	6.929	0.008	1.267
x_2	1.226 **	0.513	5.721	0.017	3.409
x_3	- 0.022 *	0.013	2.875	0.090	0.978
x_4	1.770 *	0.983	3.239	0.072	5.868
截矩	- 2.662	1.341	3.939	0.047	0.070

注：*** 为 1% 的显著性水平，** 为 5% 水平下显著，* 为在 10% 水平下显著

从表4.8 可以得出以下结果：

（1）被调查农户的受教育年限（x_1）对"是否愿意参与森林碳汇交易"有显著的正面影响，显著程度达 1%。表明农户的受教育水平越高，对气候变化的意识越强，因而越可能参与森林碳汇交易。

（2）家庭农业劳动力人口数（x_2）对"是否愿意参与森林碳汇交易"有显著的正面影响，显著程度达 5%。表明农户的家庭劳动力越多，越有可能采取措施改善森林经营，参与森林碳汇交易。

（3）农户对森林的生态环境改善作用的认识（x_4）对"是否愿意参与森林碳汇交易"有显著的正面影响，显著程度达 10%。表明对森林的改善生态环境的功能认识越强，就越倾向于参与森林碳汇交易。

（4）农户的林地面积（x_3）对"是否愿意参与森林碳汇交易"有显著的负面影响，显著程度达 10%。表明林地面积越大，改变林地经营模式越困难，而一般农户只是想从林地经营中获得传统收益，而要获得碳汇收益，就要投入较多的劳动力，而在未来收益不确定的情况下，农户不

愿意改变经营模式，因而相对来说林地面积越大，越不愿意参与碳汇林的经营。

森林经营者作为森林碳汇的供给者，对于低碳城市具有迫切需求，低碳城市的构建为森林经营者提供一条有效的森林经营收益新途径。据IPCC估计，全球陆地生态系统碳汇量约为 24770 亿吨，其中土壤占80%，植被占20%。占全球土地面积30%左右的森林，其森林植被的碳储量约为全球植被的77%，森林土壤的碳储量约占全球土壤的39%，总的来说，森林碳储量约占全球陆地生态系统中碳储量的一半，我国现正处于增加森林碳汇的最佳时期，浙江省作为全国森林资源丰富的省份之一，具有很大的潜在碳汇市场。森林经营者的相关认知与意愿将对未来的森林碳汇供给产生影响。

4.3.4 公 众

城市的主体是广大的城市居民，即广大的公众群体。低碳城市是一个涉及全社会的系统工程，需要包括政府、科技人员、公众、企业等的多方参与，尤其是广大公众的共同参与。公众参与建设低碳城市，主要涉及到广大公众对原有生活和消费价值理念的突破和更新，但目前仍面临着巨大的困难，究其原因可能在于两个方面，一是由于低碳经济和低碳城市的理念属于新生事物，公众缺少对低碳生活的认知；二是低碳城市所提倡的公众低碳消费方式打破了传统民众追求物质享受的消费方式。因此，在低碳城市建设过程中政府如何引导和鼓励公众调整高碳消费意识和行为习惯，在日常生活中树立起低碳消费意识，是关系到低碳城市建设能否成功的关键所在。

为了解公众对低碳城市的认知情况，在杭州市大范围内通过随机选取的形式在所调研地区的公众进行调研，本次调研样本来自包括市区在内的杭州各市县随机选取的 1082 名公众，最终收回有效问卷 1072 份，其中富阳市 103 份，桐庐市 108 份，建德市 109 份，淳安市 108 份，余杭市 99 份，萧山区 99 份，临安市 100 份以及杭州市区 346 份。通过大量的调查问卷，了解到 2010 年杭州市公众的基本情况，对环境认知情况，个人及家庭消费情况，森林生态功能的认知以及对低碳城市的认识。

4.3.4.1　公众对环境认知

公众对于近几年环境与以前相比的变化呈现出分歧较大的选择，有 38.15%（409 人）的公众认为环境变好了，但是也有 38.43%（412 人）的公众认为环境与之前相比变差了。在调研过程中，发现认为环境变好的公众其理由是：城市公共绿化以及生活社区环境与以前相比得到改善。公众的生态环保意识的加强引起了政府以及城市、社区规划者们的重视，从而加强了人民群众关注的生活环境的建设。那些选择环境变差的公众主要认为，现在城市中的的私家车日益增多，汽车尾气排放严重，造成城市交通拥挤，给公众生活带来了诸多不便。城市交通拥挤与尾气排放问题已经引起公众的极大关注，这也为打造低碳城市提出一个重要命题。

杭州市公众对于环境与发展到底采取何种态度呢？调查表明，如果保护环境可能会影响经济的发展，在这种情况下也应优先考虑保护环境，对于这种观点有 89%的公众表示同意，其中非常同意的有 557 人，占样本总数的 51.96%；基本同意的有 397 人，占样本总数的 37.03%。这表明环境保护观念已深入人心，大多数公众已经认识到环境保护的重要性，这也为打造低碳城市，构建低碳社会奠定了群众基础；有 7.37%（79 人）的公众表示不确定，对于环境保护与经济发展的关系，他们认为要具体权衡，慎重考虑。另外有 32 人表示不太同意以及 2 人强烈反对这种观点，他们认为中国目前迫切需要解决的问题就是经济发展，在经济得到充分的发展之后，才可能拥有强大的经济、技术等力量来解决环境以及气候恶化的问题。

4.3.4.2　公众对气候变化的认知

绝大多数公众（1018 人）认为气候发生变化，这说明气候变化已经引起绝大多数公众关注。根据统计结果，公众认为气候变化的主要表现在自然灾害越来越多（563 人次），天气越来越热（553 人次）；另外还有 393 位公众认为现在季节不明显的问题越来越突出，极端天气越来越多。

约半数的公众认为企业和政府应该在缓解气候变化的问题上发挥作用，其中企业为 538 人，政府为 513 人，因此，政府和企业应该在缓解气候变化中起到规范带动的作用。政府应该完善缓解气候变化的政策法规体系，探索建立有利于缓解气候变化的长效机制；企业单位应加大产业结构调整和技术改造力度，加大节能投资力度，实现节能减排，加快对传统产业的低碳化改造。调研中有 106 名公众认为环保组织在缓解气候变化中扮演着关键角色，环保组织应该加强节能减排和打造低碳城市为主题的宣传，以提高公众的环保意识。另外，认为缓解气候变化人人有责的有 152 人，占样本总数的 14.18%，他们认为每个人都应该从自身做起，从身边做起，保护环境是每个人的责任与义务。

4.3.4.3　公众对低碳城市认识

通过本次调研得知有 649 人知道杭州市正在打造低碳城市，占样本总数的 60.54%。受访公众主要是通过电视、报纸和广播等新闻媒介了解到这一事情，其中通过电视的有 67.02%（435 人），报纸有 37.29%（242 人），广播有 5.70%（37 人）。其他公众是通过网络、公告牌或者通过与别人交流的方式了解到这一信息。因此，新闻媒介在杭州市打造低碳城市中应起到营造氛围的作用，应作为打造低碳城市的一支重要力量。关于公众对打造低碳城市的主观认知，具体见表 4.9。

表 4.9　公众对打造低碳城市的主观认知

问　题	公众的主要观点
提到低碳城市的第一感觉	自然生态环境良好（空气清新、河流清洁、绿色家园等）
	经济发展方式转变为以低碳经济为主（节能减排、控制碳排放、治理污染、利用环保新能源、新材料等）
	生活方式符合人与自然和谐相处（公民环保意识加强、绿色交通、低碳消费等）
低碳城市重点应包含哪些内容	大力治理排污企业，处理好污染源的问题，实现节能减排
	提倡低碳消费，提倡节能家电、低能耗低排量的私家车，倡导绿色交通，发展低碳建筑
	政府部门要起到关键的监督示范带头作用，企业为建设低碳城市的主力，群众参与
	提倡低碳生活，扩大宣传力度
	清洁能源开发，能源结构合理化，提升科技水平
	公众环保意识应加强，减少一次性产品的使用
	植树造林，提高绿化面积，注意林木品种互补

资料来源：公众调查

公众作为打造低碳城市的重要组成部分，公众的需求意愿对低碳城市的发展具有举足轻重的作用。关于杭州市打造低碳城市有没有必要的问题，94.22%（1010人）的公众表示有必要，随着低碳城市实践的不断推进，打造低碳城市，发展低碳经济日益得到了全社会的广泛认可，已经不再是可有可无的选择，而是实现杭州市可持续发展的必然需要。本研究通过公众对低碳产品、排碳和森林碳汇的支付意愿调查来反映公众对低碳城市的需求意愿。

在第1次公众调查中（有效样本数1072份），如果功能和性能与同类产品相同，公众愿意为低碳产品最多支付多少价格呢？83.68%（897人）最多愿意支付不超过20%的价格，其中愿意支付超过10%的价格的公众最多，有529人，占样本总数的49.35%。而愿意支付超过30%和50%价格的公众只有6.44%和4.20%。由此可见，公众对低碳城市的需求意愿是存在的，但企业在生产低碳产品时要注意控制成本。

在第3次杭州市公众对森林碳汇服务认知与支付意愿问卷调查中（不包括网上问卷，212份有效问卷）。在减排的必要性和支付意愿方面，90.6%（192份）的人认为，个人和家庭有必要减排；73.6%（156份）的人愿意个人排碳付费，24.1%（51份）不愿意，另有2.4%（5份）没有回答。公众对森林生态功能的认知在一定程度上影响到公众对森林碳汇的认知和支付意愿。调查表明，知道森林有吸收二氧化碳作用的人占78.3%（166份）；认为森林固碳应该得到补偿的占86.0%（178份）；其中，选择"政府直接补偿"、"开发利用森林单位给予补偿"和"设立森林生态税"分别占60.4%，45.8%和36.3%。78.8%（167份）的人愿意为森林固碳支付费用，即愿意购买森林碳汇服务。在个人对森林经营者进行支付的渠道选项中，选择"个人交森林生态税"、"购买森林生态专项基金（或彩票）"和"从水电费中支付"分别占43.9%，41.0%和32.1%。上述结果显示公众对森林生态功能及其支付有一定的认知水平，但78.8%（167份）的人没有听说过"森林碳汇"。

公众对低碳城市的需求意愿不但表现在低碳产品的消费上，排碳和森林碳汇的支付意愿等方面，还体现在公众对于品质生活的追求，而打造低碳城市，正是品质生活的重要保障。

4.3.5 其他利益相关者

除了上述利益相关主体，还有其他利益相关者，如行业协会、大专院校、媒体和其他非政府组织等。他们也是打造低碳城市的重要力量，在低碳城市构建中发挥重要作用，因此，这些利益相关者对低碳城市发展的认知对于构建低碳城市具有重要意义。

随着低碳城市发展成为城市发展的一种必然趋势，各社会团体对低碳城市建设应给予高度重视。大专院校以及科研单位进行技术研发，促进低碳技术的创新；行业协会等相关组织对各利益相关者进行协调，促进低碳城市的发展；媒体和其他非政府组织对于低碳生产、低碳消费等相关内容的宣传发挥着重要作用。

要达到减排承诺，并推动中国的低碳经济发展，亟需在技术和资金方面寻求现实出路。由于技术研发及产业化将会有个较长的过程，研究发现，中国目前在42项低碳核心技术上尚处于空白。太阳能是一种具有巨大发展潜力的清洁能源，与机动车相比，电动汽车也是更低碳的出行工具，但是在相关企业关键信息人访谈中，了解到虽然发展情景广阔，但至今没有普遍推广的关键问题就是中国目前不掌握相关核心技术，核心部件都需要从国外高价采购，市场化困难，只能通过政府政策支持等方式作示范试点采用。这对于科研人员来说是一个很好的机遇，当然，各项低碳技术的研发和推广需要社会团体各种力量的努力。

4.4 小 结

基于米切尔分类法将杭州市打造低碳城市的利益相关者分为确定型利益相关者、预期型利益相关者和潜在的利益相关者，并进行了分析，根据不同利益相关者的认知和意愿，得出如下结论：

（1）确定型利益相关者中，政府应在建设低碳城市中发挥主导作用。政府可以通过形成合力，以市场为基础，以政府为主导，联合企业、居民、新闻媒体、环保部门等社会各种力量，从低碳技术研发推广、政策法规建设到国民认知姿态等诸多方面推进打造低碳城市的进程。高能耗、高排放企业要在建设低碳城市中发挥主力军的作用。结合杭州产业实际，在电力、交通、建筑、化工等高能耗、重污染行业先行试点，作为探索低碳经济发展的重点领域，以此带动各领域低碳经济的发展。森林经营者在低碳城市建设中发挥枢纽作用。森林经营者通过森林碳汇交易，和政府、企业及其公众等相关利益者进行交易，通过政府构建各种平台进行碳汇交易，通过碳汇交易帮助企业完成减排指标。

(2)预期型利益相关者中，公众应培养自身的低碳意识，积极广泛地参与到低碳城市的建设中来。一般企业应调整发展目标，力争实现社会效益与经济效益的共赢。非政府组织应积极配合建设低碳城市。以建设低碳城市为目标，结合杭州环境资源容量和经济发展需求，配合政府制定杭州低碳经济发展战略。技术的创新与进步是人类文明演进的基本动力，也是城市发展阶段的基本衡量尺度。科技工作者要在低碳技术研发和推广中发挥重要作用，尽快掌握和推广先进低碳技术，包括可再生能源及新能源、煤的清洁高效利用和开发、二氧化碳捕获与埋存、垃圾无害化填埋沼气利用等有效控制温室气体排放的新技术。

(3)潜在的利益相关者中，低碳消费和低碳产业也是打造低碳城市的重要支撑力量。消费者应追求更高层次的消费模式，在舒适与低碳中寻找最佳的切入点。相关产业要规避风险，抓住机遇。新闻媒体要起到营造氛围的作用。主要新闻媒体要在重要版面、重要时段进行系列报道，刊登和播出低碳城市建设公益性广告，形成政府引导，企业和居民广泛参与的"低碳城市"建设格局。通过宣传和教育，提高公众的低碳意识，把"低碳城市"的理念融入到经济社会发展各方面，渗透到生产生活各领域。

总之，杭州市打造低碳城市应该始终立足于市情，分步实施，有序推进。在杭州市各界力量的参与和配合下，杭州一定可以走出一条具有杭州市特色低碳经济发展之路。低碳经济是千百万人所从事和创造的事业，打造低碳城市也需要千百万人以这个城市主人翁态度，做出自身的贡献。

5 杭州市低碳城市的发展模式选择

　　城市不仅是地区经济发展和社会发展的核心单元，也是高耗能、高碳排放的集中地。城市无疑是低碳发展的重点和难点。很显然，"低碳"城市模式是城市的未来发展方向。2011 年 11 月发布的"十二五"控制温室气体排放实施方案，要求各地区、各部门达到"十二五"规划提出的到 2015 年碳排放强度比 2010 年下降至少 17% 的目标。作为国家发改委首批低碳城市试点之一的杭州市，经济水平和城市化水平较高，处于高排放连绵带，又是东部沿海发达地区浙江省的省会，其探索实践可为浙江乃至全国提供经验借鉴和发挥示范带头作用。而测度杭州市碳排放量并预测其到"十二五"末碳排放情况是低碳城市建设的前提和基础，对低碳城市发展意义重大，因此，首先对杭州市碳排放进行测试与预测，探索杭州市低碳城市综合发展模式，在此基础上，设计三种具体模式，即低碳生产模式、低碳消费模式和森林碳汇模式。

5.1 杭州市碳排放测度与预测

5.1.1 数据来源和计算方法

5.1.1.1 能源碳排放系数测度方法

　　研究数据主要来源于 2001 ~ 2011 年出版的《杭州市统计年鉴》。碳排放量的测度是依据 IPCC 温室气体清单方法，不同国家和地区运用该指南进行能源统计时会做出适应性修正。本研究结合杭州市实际情况对能源消费量统计口径和能源碳排放系数做出修正。

　　依据国家统计局《能源统计报表制度》，能源品种主要包括原煤、焦炭、洗精煤、汽油、柴油、煤油、燃料油、其他石油制品、天然气、液化石油气、焦炉煤气、其他焦化产品、热力、电力等。能源消费总量包括终端消费量、损失量和加工转换损失量三部分，与碳排放相关的主要是能源终端消费量，如直接根据能源消费总量计算会明显高于实际碳排放量，故采用能源终端消费进行计算。

　　杭州市能源消费品种主要有 12 种，详见表 5.1。各种能源消费碳排放系数来源于 IPCC 温室气体清单指南缺省值，但其单位是 $kgCO_2/TJ$（基于能源发热量），实际能源消费统计单位多为实物量，需要进行转换。

　　当前一些研究采用标准煤做中介进行系数的转化，会带来较大误差。本研究根据《中国能源统计年鉴 2010》给出的中国能源平均低位发热量，将 IPCC 指南缺省值转换为基于实物量统计单位的能源碳排放系数，此外，杭州市属于华东区域电网供电，采用国家发展改革委应对气候变化司公布的对应区域排放系数，以期提供更为准确的能源消费碳排放计算思路。

　　杭州市碳排放量测度具体采用以下公式进行计算：

$$Q = \sum_{i=1}^{12} C_i \times E_i$$

　　式中，Q 为碳排放量，t；C_i 为能源 i 消费量，采用杭州市统计年鉴统计单位；E_i 为能源 i 碳排放系数，$tCO_2/$统计单位；i 为能源种类，取 12 类（见表 1）。结合 IPCC 温室气体清单指南和《中国能源统计年鉴2010》等资料计算得出的各种能源的碳排放系数详见表 5.1。

表 5.1　各种能源的碳排放系数

能源种类	碳排放系数	能源种类	碳排放系数
原煤	1.977897 tCO_2/t	燃料油	3.236558 tCO_2/t
洗精煤	2.492142 tCO_2/t	液化石油气	3.166295 tCO_2/t
焦碳	3.042545 tCO_2/t	天然气	21.84029 $tCO_2/10^4 m^3$
汽油	3.014900 tCO_2/t	其他石油制品	3.065113 tCO_2/t
煤油	3.096733 tCO_2/t	热力	0.08394 tCO_2/GJ
柴油	3.160513 tCO_2/t	电力	7.76100 $tCO_2/10^4 kwh$

　　资料来源：IPCC 温室气体清单指南、中国能源统计年鉴和国家发展改革委应对气候变化司

　　碳排放强度等于碳排放量与 GDP 的比值，以现价 GDP 计算的碳排放强度不能直接对比，要采用 GDP 可比价。本研究以 2000 年为价格基准年，将 2001～2010 各年度现价 GDP 调整为可比价。

5.1.1.2　碳排放测度与预测方法

目前对于某一经济现象的预测方法有很多种，根据模型的多少主要分为两类，一类是单项预测模型，即对某一经济现象数值的预测只采用单一的模型；一类是组合预测模型，即对某一经济现象数值的预测是根据几个模型的预测精度将几个单项预测模型加权平均而建立的模型，一般情况下，组合预测模型的预测精度要大于单项模型的预测精度。本文将在两种单项预测模型结果的基础上，运用组合预测模型预测杭州市的碳排放量及其强度。

(1)灰色 GM(1，1)模型。

GM(1，1)模型是灰色系统一阶单变量预测模型，是灰色系统的核心模型。若给定原始数据序列 $X^{(0)} = \{x_{(1)}^{(0)}, x_{(2)}^{(0)}, \cdots, x_{(n)}^{(0)}\}$ 可分别从 $X^{(0)}$ 序列中，选取不同长度的连续数据作为子序列。对于子序列建立 GM(1，1)模型。确定任一个子数据序列为 $X_i^{(0)} = \{x_{(1)}^{(0)}, x_{(2)}^{(0)}, \cdots, x_{(m)}^{(0)}\}$，对于子数据序列进行一次累加生成，可得 $X_i^{(0)} = \{x_{(1)}^{(1)}, x_{(2)}^{(1)}, \cdots, x_{(m)}^{(1)}\}$，则 GM(1,1) 相应的微分方程为：

$$\frac{\mathrm{d}X^{(1)}}{\mathrm{d}t} + aX^{(1)} = \mu$$

其中，a 称为发展灰数，μ 称为内生控制灰数。

设 $\hat{a}$ 为待估参数向量，$\hat{a} = \begin{pmatrix} a \\ \mu \end{pmatrix}$，可利用最小二乘法求解，解得：

$$\hat{a} = (B^T B)^{-1} B^T Y_m$$

其中，B 为累加矩阵，即

$$B = \begin{bmatrix} -\frac{1}{2}[x_{(1)}^{(1)} + x_{(2)}^{(1)}] & 1 \\ -\frac{1}{2}[x_{(2)}^{(1)} + x_{(3)}^{(1)}] & 1 \\ -\frac{1}{2}[x_{(m-1)}^{(1)} + x_{(m)}^{(1)}] & 1 \end{bmatrix} = \begin{bmatrix} -4351 & 1 \\ -7717 & 1 \\ -11558 & 1 \\ -16112 & 1 \\ -21433 & 1 \\ -27523 & 1 \\ -34327 & 1 \\ -41343 & 1 \\ -48286 & 1 \end{bmatrix}$$

$$Y_m = \left[x_{(2)}^{(0)}, x_{(3)}^{(0)}, \cdots, x_{(m)}^{(0)} \right]^T = \left[3147.8, 3584.6, 4.97.6, 5010.2, \right.$$

$$\left. 5632.2, 6548.7, 7057.7, 6975.8, 6909.2 \right]^T$$ 求解微分方程，即可得到预测模型：

$$\hat{x}_{(t+1)}^{(1)} = \left[x_{(1)}^{(0)} - \frac{\mu}{a} \right] e^{-at} + \frac{\mu}{a} = (2776.7 + 34004) e^{-0.1t} - 34004$$

还原值为

$$\hat{x}_{(t+1)}^{(0)} = \hat{x}_{(t+1)}^{(1)} - \hat{x}_{(t)}^{(1)}$$

（2）ARIMA 预测模型。

ARIMA(p, d, q)预测模型是经济生活中常用的一种预测模型，是由 Box 和 Jenkins 于 20 世纪 70 年代初提出的著名时间序列预测方法，其基本思想是将预测对象随时间推移而形成的数据序列视为一个随机序列，用一定的数学模型来近似描述这个序列。这个模型一旦被识别后就可以从时间序列的过去值及现在值预测未来值。在 ARIMA(p, d, q)中，AR 是自回归，p 为自回归项；MA 为移动平均，q 为移动平均数；d 为时间序列成为平稳序列时所做的差分次数。

用 ADF 单位根检验得到结论：$\ln(Q)$ 序列是二阶单整序列，即 $\ln(Q) \sim I(2)$。所以本研究建立 $\ln(Q)$ 对数序列的 ARIMA 模型，首先观察 $\Delta^2 \ln(Q)$ 序列相关图。

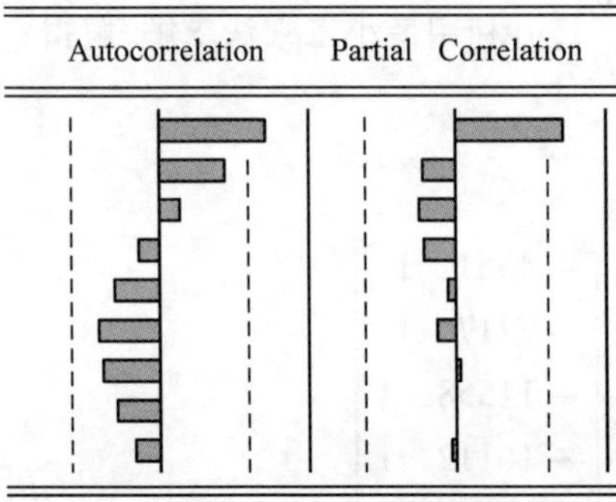 Autocorrelation	Partial Correlation		AC	PAC	Q-Stat	Prob
		1	0.745	0.745	7.4087	0.006
		2	0.452	-0.234	10.469	0.005
		3	0.136	-0.251	10.784	0.013
		4	-0.155	-0.211	11.264	0.024
		5	-0.334	-0.053	13.945	0.016
		6	-0.441	-0.137	19.788	0.003
		7	-0.417	0.023	26.751	0.000
		8	-0.312	-0.004	32.604	0.000
		9	-0.173	-0.19	36.186	0.000

图 5.1 $\Delta^2 ln(Q)$ 序列的相关图

$\Delta^2 \ln(Q)$序列的自相关系数和偏自相关系数都在一阶截尾，则取模型的阶数 $p=1$ 和 $q=1$，建立 ARIMA(1, 2, 1)模型。

$$\Delta^2 \ln(Q_t) = -0.736\Delta^2\ln(Q_{t-1}) + \hat{\varepsilon} + 0.997\hat{\varepsilon}_{t-1}$$

$$t = (3.14) \qquad (2.92)$$

$$R^2 = 0.254 \qquad D \cdot W = 1.8$$

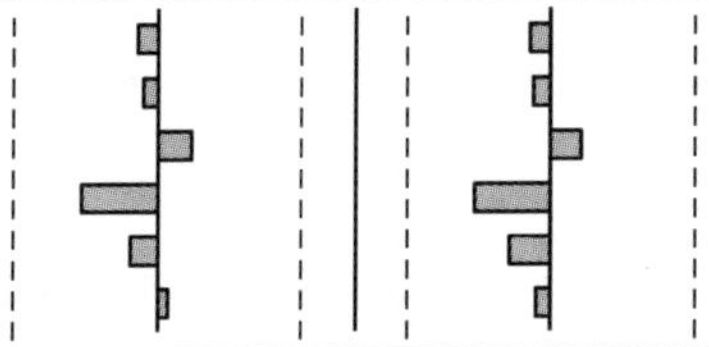

Autocorrelation	Partial Correlation		AC	PAC	Q-Stat	Prob
		1	-0.107	-0.107	0.1200	0.729
		2	-0.074	-0.087	0.1893	0.910
		3	0.183	0.168	0.7151	0.870
		4	-0.409	-0.396	4.2245	0.376
		5	-0.149	-0.223	4.9235	0.425
		6	0.056	-0.081	5.1220	0.528

图 5.2 $\Delta^2\ln(Q)$ 序列的 ARIMA(1，2，1) 模型残差的相关图

从图 5.2 可以看出模型的残差不存在序列相关，而且模型的各项统计量也较好。

(3)组合预测模型

为了将每种方法包含的有用信息全部反映在预测结果里，克服单一模型的缺陷，减少预测的随机性，提高预测精度，本研究据此采用组合模型进行预测。具体来说，组合预测模型的基本原理为：假设对同一预测问题，用 N 种不同的预测模型分别进行预测，将这 N 个预测模型构成组合预测模型为：

$$y_t = \sum_{i=1}^{N} k_i y_{it}$$

式中，y_t 为 t 时刻组合预测模型的预测值；y_{it} 为 t 时刻第 i 种预测模型的预测值，$i = 1,2,\cdots,N$；k_i 为组合预测模型的第 i 个模型的权重，$i = 1$，$2\cdots,N$，且 $\sum_{i=1}^{N} k_i = 1$，$i = 1,2,\cdots,N$。前文建立的预测模型可以将 y_{it} 求出，因此组合模型最关键的部分是确定各个单一模型所占的比重 k_i，本文采用标准差法来确定组合权重。

设 GM(1，1)模型，三次指数平滑模型，ARIMA 预测模型的预测误差的标准差分别为 σ_1,σ_2，且 $\sigma = \sum_{i=1}^{2}\sigma_i$，取 $k_i = \frac{\sigma + \sigma_i}{\sigma} \cdot \frac{1}{m-1}$，$i = 1$，$2$；$m$ 为模型的个数，即可求出权重 k_i，最终建立的组合预测模型为：

$\hat{y} = k_1 \hat{y} + k_2 \hat{y}_2 = 0.46 \hat{y}_t(1) + 0.534 \hat{y}_t(2)$

式中，k_1，k_2 和 $\hat{y}_1$，$\hat{y}_2$ 分别表示 GM（1，1）模型和 ARIMA（1，2，1）预测模型在组合模型中所占的权重以及它们单独预测时的预测值。

5.1.2 杭州市碳排放测度与预测结果分析

5.1.2.1 能源消费碳排放的历史特征

根据以上方法计算出杭州市 2000～2010 年的碳排放量和碳排放强度，详见表5.2。

表5.2 2000～2010 年杭州市能源消费碳排放量、碳排放强度与 GDP 变化

年份(年)	GDP(10^8元)	碳排放量(万吨)	碳排放强度(吨/万元)
2000	1382.562	2776.705	2.008377
2001	1551.235	3147.794	2.029218
2002	1756.001	3584.636	2.041363
2003	2022.916	4097.627	2.025605
2004	2326.352	5010.174	2.153661
2005	2628.775	5632.183	2.142512
2006	3004.939	6548.718	2.179318
2007	3443.295	7057.713	2.049698
2008	3823.344	6975.817	1.824533
2009	4204.541	6909.199	1.643271
2010	4709.087	7199.182	1.527851

资料来源：杭州市统计年鉴

研究表明，2000～2010 年间，杭州市碳排放量先升后微降再略有上升，碳排放强度先缓升后大幅下降，与全国、其他城市（如重庆、上海）相比呈现出明显的区别。主要表现为碳排放量在 2007 年达到峰值后连续两年出现了下降现象。

（1）碳排放量与 GDP 变动趋势分析。2000 年以来杭州市 GDP 一直保持着稳定较快增长势头，碳排放量由 2000 年的 2.777×10^7 t 变动到 2010 年的 7.199×10^7 t，年均增长率为 9.99%，高于中国能源碳排放量的年均增长率（5.4%），总体碳排放量增加是能源消费增加所致。

但将碳排放量与 GDP 对比可以发现，2000～2007 年碳排放量稳步增长，但2008、2009年碳排放量随经济增长表现为负增长。2000~2006年碳排放量增长速率高于同期GDP增长速率，这一趋势在2007年得到了遏制，2008、2009年其至出现了反向关系，即出现了碳排放与经济增长的绝对脱钩现象，该现象未在重庆、上海等城市出现，某种程度上表明杭州市发展低碳经济取得一定的成效。

（2）碳排放强度变动趋势。碳排放强度是衡量单位GDP碳排放量的指标，其值可以反映一个国家和地区在经济发展的同时对大气和气候的干扰程度。该值下降率可以反映单位经济效益能源消费和对应碳排放的下降程度。杭州市碳排放强度总体先缓升后大幅下降，大致经历了三个阶段：①2000~2003年，为基本稳定阶段。即该阶段碳排放强度几乎没有什么变化，能源利用和相应碳排放的经济效益基本保持稳定；②2004~2006年，为微增后稳定阶段。即该阶段碳排放强度较第一阶段略有增加，表明该阶段经济增长仍部分依赖于粗放式经济发展模式，但该态势得到了遏制，没有继续发展下去；③2007~2010年，迅速下降阶段。即在该阶段碳排放强度实现了转折性的下降并保持迅猛的下降态势，表明杭州市的经济发展模式逐步转向集约。

总体来看，杭州市2000年碳排放强度为2.01t/（10^4元），2010年下降到1.53t/（10^4元）。何建坤等的研究认为，只有碳排放强度下降率大于GDP增长率才能实现CO_2的绝对减排。比较发现，杭州市2000~2010年碳排放强度年均下降率（2.7%）小于GDP年均增长率（13.0%），无法实现碳绝对减排。

5.1.2.2 能源消费碳排放的趋势分析

（1）模型预测精度检验。在现实生活中，由于各种已知与未知、可控与不可控因素的影响，任何预测模型的预测结果都会与实际值存在不一致，即存在预测误差问题。在众多的预测模型中，最终选择的模型不是没有误差的模型，而是相对其他模型而言预测精度较高的模型，因此，在选择合适的模型进行预测时，必须对模型的预测精度进行检验。检验标准主要有平均绝对偏差、平均平方误差、平均预测误差和平均绝对百分误差等。各指标的计算方法分别为：平均绝对误差（MAD）、平均平方误差（MSE）、平均预测误差（MFE）、平均绝对百分误差（MAPE）。一般情况下，MAD、MSE、MFE值越小模型越精确，MAPE

的值在 10 以内，认为模型的预测精度较高。

　　为了衡量根据各模型得到的预测值与实际值的偏离程度，选择 2000 ~ 2010 年期间杭州市碳排放量数据分别进行对比。具体结果如表 5.3 所示：

表 5.3　各模型预测结果

年份	组合预测模型			GM（1，1）模型		ARIMA 模型	
	真实值	预测值	预测误差	预测值	预测误差	预测值	预测误差
2000	2776.705	NA	NA	NA	NA	NA	NA
2001	3147.794	3641.2	493.45	NA	NA	NA	NA
2002	3584.636	4001.7	417.09	NA	NA	NA	NA
2003	4097.627	4397.9	300.27	3910.21	-187.41	4136.251	38.62341
2004	5010.174	4833.3	-176.89	4894.25	-115.93	4866	-144.175
2005	5632.183	5311.8	-320.40	5967.64	335.46	5663.665	31.48222
2006	6548.718	5837.6	-711.07	6357.64	-191.08	6116.607	-432.111
2007	7057.713	6415.6	-642.14	7650.30	592.59	7078.031	20.31809
2008	6975.817	7050.7	74.89	7421.82	445.99	7249.808	273.9912
2009	6909.199	7748.7	839.53	6907.67	-1.53	7297.478	388.2781
2010	7199.182	8516	1317	6834.28	-365	7613.74	414
MAD 值	437.88			311.87		189.85	
MSE 值	264640			137850		62319	
MFE 值	90.83			-223.72		-25.20	
MAPE 值	7.2293			5.3676		2.9863	

　　由表 5.3 的结果可以发现，在所有的精度检验指标里面，组合模型的各精度检验值均较单项预测模型的精度检验值低，说明将两个模型加权后得到的组合模型的预测结果与单一模型预测结果相比，其预测精度有了较大的提高，本研究运用组合模型得到杭州市碳排放量、碳排放强度的预测模型，详见表 5.4。

表5.4 杭州市碳排放量和碳排放强度的预测模型

模型	碳排放量	碳排放强度
GM(1, 1)模型	$\hat{y}^{(1)}_{(t+1)} = (2776.7 + 34004)e^{-0.1t} - 34004$	$\hat{y}^{(1)}_{(t+1)} = [2.0084 - \dfrac{2.1982}{0.0167}]e^{-0.0167t} + \dfrac{2.1982}{0.0167}$
ARIMA(1, 2, 1)模型	$\Delta^2\ln(\hat{y}^{(2)}_t) = -0.736\Delta^2\ln(\hat{y}_{(t-1)}) + \hat{\varepsilon}_t + 0.997\hat{\varepsilon}_{t-1}$	$\Delta^2\hat{y}^{(2)}_t = -0.6151\Delta^2\hat{y}_{(t-1)} + 0.9974\hat{\varepsilon}_{t-1}$
组合模型	$\hat{y} = 0.46\hat{y}^{(1)}_t + 0.534\hat{y}^{(2)}_t$	$\hat{y} = 0.7564\hat{y}^{(1)}_t + 0.2436\hat{y}^{(2)}_t$

（2）预测结果。依据组合预测模型预测出到"十二五"末所对应的数值，见表5.5。

表5.5 杭州市碳排放量和碳排放强度的预测结果

	模型预测值				
	2011	2012	2013	2014	2015
碳排放量（万吨）	7968.19	8358.92	8795.02	9276.49	9810.77
碳排放强度（吨/万元）	1.6956	1.6235	1.5533	1.4825	1.4127

结合表5.2的计算结果可以得出2000~2015年杭州市能源消费碳排放量、碳排放强度历史特征与预测结果。

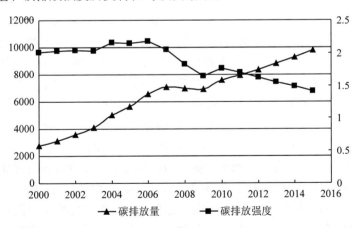

图5.3 2000~2015年杭州市能源消费碳排放量、碳排放强度变化

资料来源：杭州市统计年鉴与模型预测

预测结果表明，2011～2015 年碳排放量稳步上升，2011 年碳排放强度比 2010 年有所上升，然后逐年下降，表明在当前经济平稳增长路径下，经济增长不利于碳排放量和碳排放强度的降低，但碳排放强度的下降表明单位碳排放的经济效益的提高，并且可以发现，到"十二五"末，碳排放强度比 2010 年下降约 8%，比 2005 年下降约 35%，低于"十二五"控制温室气体排放实施方案提出的目标，未来减排压力较大。

5.1.3 碳排放的影响因素分析

碳排放系统涉及自然和人为两大排碳系统，本研究主要考虑人为排碳系统。影响碳排放的因素很多，但归纳起来所有因素都会通过经济增长、产业部门等因素体现出来，因此，这里主要讨论这两个因素对杭州市碳排放的影响。

5.1.3.1 经济增长

经济增长会带动能源消费量的增长，进而导致碳排放量的增加。该推论成立的前提是经济增长处于粗放式增长阶段，能源利用效率没有明显提高且能源结构比较稳定，杭州市经济 2007 年以前处于这样的发展阶段。

目前国内外学者通常采用能源消费弹性系数即能源消费量增长率与 GDP 增长率之间的比值反映经济增长对能源消费量的影响，本研究借鉴该系数的计算方法，测算了对应的能源碳排放弹性系数，即用能源碳排放增长速度与 GDP 增长速度之间的比值反映杭州市经济增长对碳排放的影响。工业化阶段一般大都伴随较高的能源消费强度和能源消费弹性系数。世界发达国家在其工业化阶段及其过程中，能源消费弹性系数也都比较高，多数高于 1.0，表明在经济发展初期，经济增长对能源消费的增长影响显著，而当前发达国家的能源消费弹性系数小于或接近 0.5。按照该思路，能源碳排放弹性系数也有相似的测量意义。

由图 5.4 可以看出杭州市能源消费弹性系数与能源碳排放弹性系数变动趋势非常接近，且围绕 1 波动，10 年来均值分别为 0.970 和 0.975，表明杭州市目前仍处于工业化阶段，未来一段时期内仍将保持较快的经济增长速度，其经济增长对杭州市碳排放量起促进作用，不利于碳排放强度的降低，要保持高度的重视。

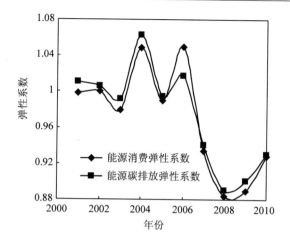

图5.4 杭州市能源消费和碳排放系数变动趋势

资料来源：杭州市统计年鉴 2001 ~ 2011

5.1.3.2 产业部门

碳排放部门主要包括第一、第二、第三产业和生活消费4个部门，由于数据获取原因，本研究依据杭州市统计年鉴相关产业部门用电数据来间接反映各部门碳排放情况。图5.5是杭州市2000~2010年各产业部门用电情况。

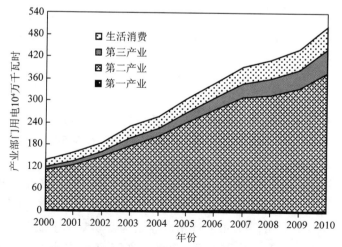

图5.5 杭州市2000~2010年各产业部门用电情况

资料来源：杭州市统计年鉴 2001 ~ 2011

　　由图 5.5 可以直观看出第二产业是最大的用电部门,即第二产业碳排放量最多,第一产业用电及碳排放量最少且变化幅度不大,值得关注的是,居民生活消费用电与第三产业相似保持着较快的增长速度,且近几年用电总量已超过第三产业,越来越成为一个不容忽视的用电和碳排放部门。

　　结合万元产值电耗、人均生活用电指标以及产业结构情况可以分析产业部门耗电对杭州市碳排放的影响,详见图 5.6、5.7。产业结构对碳排放带来的影响主要是因为各产业能源消费密度不同,如果高密度能源消费产业在国民经济中份额较大且增长较快,在能源结构和技术因素既定的前提下,碳排放量就会增加较快。

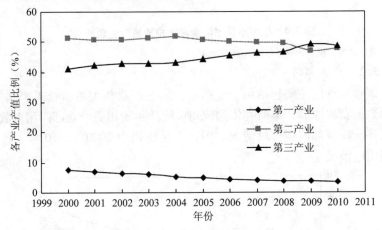

图 5.6　杭州市 2000～2010 年各产业比重变化趋势

资料来源:杭州市统计年鉴

　　图 5.6 演示了杭州市 2000～2010 年三大产业比重的变化趋势。从 2000～2010 年,第一产业比重由 7.5% 逐渐下降到 3.5%,下降了超过一半,渐趋稳定;第二产业比重从 51.3% 波浪下降到 47.8%,下降了 3.5 个百分点;第三产业比重由 41.2% 上升到 48.7%,接近 GDP 总量的一半,上升 7.5 个百分比,几乎与第二产业比重呈反向变动关系。

　　进一步分析表明,11 年来杭州产业结构变动基本上属于一、二产业比重下降,第三产业比重上升。2000～2005 年第二产业比重略有下降,第一产业下降的份额被第三产业增加的份额所替代,2006～2010

年第一产业下降速度放缓，第二产业下降的份额被第三产业增加的份额所替代，即 2000~2005 年第三产业比重增加的份额主要来源于第一产业，2006~2010 年第三产业比重增加或减少的份额主要归因于第二产业，产业结构渐趋优化，2009、2010 年连续两年呈现出三、二、一产业结构。以 2010 年为例(见图 5.7)，第二产业单位 GDP 电耗分别是第一产业的 12.8 倍，第三产业的 4.7 倍，总体表明产业结构变动对杭州碳排放量有减缓作用。从变动趋势来看，产业结构向更有利于降低碳排放强度的方向发展。

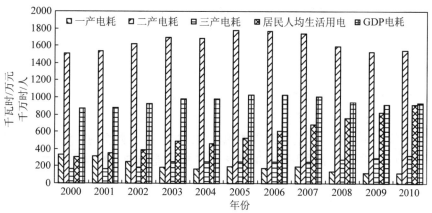

图 5.7　杭州市 2000~2010 年各产业电耗和居民人均用电情况

资料来源：杭州市统计年鉴 2001~2011

5.1.4　结论与建议

5.1.4.1　结　论

(1)2000~2010 年，杭州市碳排放量由 2.777×10^7 t 变动到 7.199×10^7 t，年均增长率为 9.99%，高于全国能源消费碳排放量的年均增长率 (5.4%)，总体碳排放增加是由于能源消费增加所致。2000~2007 年碳排放量与 GDP 增长趋势大致趋同，2008、2009 年碳排放量随经济增长表现为负增长，即出现了碳排放与经济增长的绝对脱钩现象，表明杭州市发展低碳经济取得了一定的成效。2010 年由于 GDP 增加较快，带来了碳排放量的增长。

(2)2000~2010 年，碳排放强度先缓升后大幅下降，碳排放强度年均下降率2.7%，小于GDP年均增长率13.0%，不能实现碳绝对减排。

　　(3)预测结果表明，在当前经济平稳增长路径下，杭州市能源消费碳排放量在"十二五"末以前仍将保持上升态势，即经济增长不利于碳排放的下降，但碳排放强度逐年下降，反映了杭州市能源消费及其对应碳排放的经济效益亦在逐年提高，结合碳排放量变化情况，表明尽管杭州市目前及未来一段时期仍将处于相对粗放式增长阶段，但逐步转向集约。

　　(4)依据预测结果，杭州市碳排放强度指标低于"十二五"控制温室气体排放实施方案提出的17.6%的目标，作为发展低碳经济，打造低碳城市的示范带头城市，杭州市将面临更大的压力和挑战。

5.1.4.2　建　议

　　(1)重视能源消费结构的调整，引导能源消费向碳排放量低的优化能源品种转变。基于相同发热量，天然气和液化石油气的碳排放量比焦炭分别低47.6%、41.0%，比原煤低40.7%、33.3%，比柴油低24.3%、14.9%，当前杭州市能源消费结构仍属于典型的以煤为主的消费结构，碳排放量的下降空间很大，应加大能源消费结构的调整力度，向天然气、液化石油气等优化能源品种转变。

　　(2)第三产业的碳排放强度远低于第二产业，随着信息、金融、保险、咨询等现代服务业的快速发展，第三产业碳排放强度可能进一步下降。2010年，杭州市三次产业结构继续保持2009年以来的"三、二、一"结构，反映了产业结构的优化，但第三产业比重不到50%，与发达国家和地区相比仍有较大差距，进一步优化产业结构将对杭州市碳排放做出更大的贡献。

　　(3)随着居民生活质量的提高，近年来生活能源消费量快速增加，随之带来碳排放量的快速增长，居民低碳意识的提高能够很大程度上降低居民生活带来的碳排放，各级政府、企业、环保组织等群体应通过网络、媒体等多种途径全方位倡导低碳生活模式，提高居民低碳意识。

　　(4)在关注碳减排的同时，不应忽视碳汇的巨大作用，即杭州市低碳发展应从减少"碳源"和增加"碳汇"两方面考虑。通过林业活动增加森林碳汇(减缓碳释放)是增加碳汇的重要途径，且具明显的成本优势，也不会对现有的经济发展模式、发展速度造成太大的负面影响，杭州市已经提出了发展林业碳汇，建议通过具体项目实施深入推进该项工作，促进生态服务市场化，以实现低碳经济的目标。

5.2 杭州市低碳发展模式：综合型"低碳社会"模式

作为人类赖以生存的自然环境要素，全球气候的任何变化都会对自然生态系统及社会经济系统产生全方位、多尺度和多层次的影响。工业革命以来，由于人类活动特别是化石燃料的燃烧使大气中 CO_2 为主的温室气体浓度不断上升，引发了以变暖为主要特征的全球气候变化。IPCC 评估报告表明，人类活动是气候变暖的主要原因之一，近 50 年来全球的大部分增暖（90% 以上）是人类活动的结果。目前，气候变化已从单纯的科学问题，逐步演变为国际政治问题，甚至是综合性的国际发展问题，其可能产生的影响也将随之不断拓展。

在一系列的应对方案之中，"低碳"发展模式在世界范围内得到了普遍的认同。城市作为地区经济社会发展的核心单元，不可避免地成为低碳发展的关注重点。城市的碳排放量占了全球碳排放总量的 75%，在低碳发展过程中扮演重要的角色。

杭州市是浙江省省会和经济、文化、科教中心，长江三角洲中心城市之一，经济水平和城市化水平较高，发展低碳经济、打造低碳城市是杭州市未来发展的动力所在，早在 2008 年 7 月，杭州市提出要在全国率先打造低碳城市的目标，并将其作为杭州沿江十大新城规划中环境立市战略的重大亮点。2010 年，杭州市更被中国国家发展和改革委员会（NDRC）列入全国首批低碳城市试点城市。基于此，研究适合杭州实际的低碳城市发展模式迫在眉睫。

浙江省会城市杭州选择低碳发展是集中外部推动力量和内在驱动力量共同作用的结果。这些因素互相影响、互相作用、相得益彰，形成了当前杭州市选择低碳发展的有效驱动因素组合。

低碳城市建设是一项涉及经济、社会、自然的复杂的系统工程，它要求改善和提高城市综合环境质量，建设符合低排放原则的生产体系、生活体系和消费体系。它主要包括城市经济的持续增长、资源的永续利用、体制的公平合理、社会的和谐共生、优秀文化的传承、自然活力的维系，是城市向传统生产方式、价值观念和科学方法挑战的一场生态革

命。低碳城市不仅是一场城市运动，更是一场重大的社会变革。对这样
一场源于城市自身又超越城市自身的深刻的城市变革，必须坚持综合性
原则，以综合的发展观指导城市建设，把城市各领域、各行业发展引入
低排放、高效益的轨道。

依据杭州市发展实际，借鉴国内外城市低碳发展实践，提出杭州市
低碳发展模式是"一个目标、两大途径、多个核心"的全方位立体环绕
式综合"低碳社会"模式，"一个目标"是低碳发展目标，重点在低碳，
目的在发展。杭州市发展低碳城市的模式必须要高度融合"低碳经济"
和"低碳社会"。"低碳经济"概念强调生产模式的转变，"低碳社会"概
念强调消费模式的转变，二者的目标都是为了促进人类的碳减排，这与
低碳城市的最终目标不谋而合。"两大途径"包括：不遗余力的减少碳
源，减少碳排放；想方设法的增加碳汇，增加碳的吸收，即可以从城市
的碳源到碳汇构建出一条切合杭州市实际的低碳发展模式。"碳源"是
指二氧化碳的产生之源。它既来自自然界，也来自人类的生产和生活过
程，"碳汇"则是指从空气中清除二氧化碳的过程或机制。两大途径最
终都是促进绝对碳排放量的减少，而要实现杭州市低碳发展目标，则需
要从工业、建筑、交通、消费、森林碳汇等多个核心领域入手，杭州市
低碳发展综合模式详见图5.8。

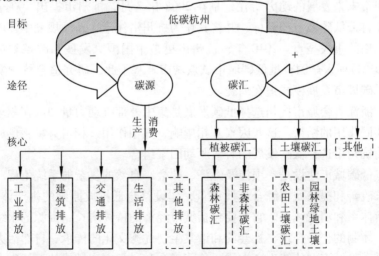

图5.8　杭州市综合"低碳社会"模式

5.2.1 发展模式选择的依据

5.2.1.1 国际低碳转型城市成功经验为杭州市提供了借鉴

综合第 2 部分国内外低碳城市发展概况和实践结果，可以发现，由于城市资源禀赋、产业基础、所在国家、地区的发展战略不同，各城市选择了不同的低碳发展模式。总体来讲，国际城市相对探索出了更为有效的低碳发展模式，而国内城市的发展实践因起步较晚，更多还处于尝试性阶段，相对比较零散，主要集中于低碳园区示范，低碳产业选择和新能源开发利用等方式的探索。综合各种发展实践，可以将目前国内外城市低碳发展方式归纳为以下四种模式：综合型"低碳社会"模式、低碳产业拉动模式、示范型"以点带面"发展模式和"低碳支撑产业"发展模式。

将英国、日本、丹麦等国家成功实现低碳转型的城市发展方式定义为综合型"低碳社会"模式。该种模式几乎关注城市经济发展的方方面面，从能源供给到能源消费的各个领域，包括新能源开发利用、绿色建筑、环保交通、低碳消费模式等各个层面。该类城市多是工业化后期城市，具备良好的经济转型基础，如伦敦、东京等城市。

应对全球气候变化问题，目前国际低碳发展共同行动主要表现为：①对于全球发展低碳经济的原则性共同认识；②国际范围内的不同层次性质的低碳发展协商与谈判机制；③国际碳交易市场及机制的建立；④国际低碳技术转移及技术扩散体系建立；⑤发达国家及城市的低碳发展行动。城市间日趋广泛深入的国际交流合作能够极大的促进杭州市在城市转型的低碳发展进程中借鉴国际低碳转型城市的经验。

5.2.1.2 杭州市已具备了综合型"低碳社会"模式的条件

经济发展达到一定先进水平的城市就面临着经济转型和城市品质提升的需要，作为东部沿海发达地区浙江省的省会，杭州市经济水平和城市化水平较高，面临经济转型和品质提升的需要。低碳转型既是一种经济转型发展模式，也是一种更高层次的品质提升。

2008 年杭州市户籍人口人均 GDP 超过 1 万美元，2010 年，杭州市的人均 GDP 水平实现大跨越，户籍人口和常住人口人均 GDP 首次双双突破 1 万美元，标志着已跻身于"上中等"发达国家和地区，并正向世界的高收入水平迈进。2010 年工业实现了历史性的新跨越，规模以上工业总产值、销售产值双双跨上万亿元台阶，分别达到 11258.49 亿元和 11114.53 亿元，工业经济效益实现"一高一领先"。2010 年，杭州市霍夫曼比例已经达到 0.68，工业化进程处于由第三阶段向第四阶段过渡的时期，而且近十年来杭州市的霍夫曼比例都低于全国水平。杭州市已经具备较高的工业化水平。这些表明杭州市具备了提升城市品质，实现经济转型的实力与巨大潜力。

早在 2007 年杭州市就提出建设"生活品质之城"的目标，2008 年在全国率先提出要打造低碳城市，杭州也是国内首个以政府文件形式明确进行全面低碳城市建设的城市。客观条件和主观要求证明杭州市能够运行全方位立体环绕式综合性"低碳社会"模式。

5.2.1.3 杭州市综合型"低碳社会"模式已有一定的实践基础

近年来杭州市自觉和不自觉的采用综合型"低碳社会"模式，进行了全方位探索和尝试，呈现出很多亮点，取得了明显的成效。2009 年 3 月，杭州市明确提出实施"服务业优先"战略，积极发展文化创意产业为龙头的现代服务产业，文化创意产业属于典型的低碳产业，标志着杭州市已经展开低碳产业拉动的实践；杭州市规划建设的"中国杭州低碳科技馆"是中国乃至世界首个以低碳为主题的科技馆，并规划将其建设成低碳知识的教育基地、低碳生活的普及基地、绿色建筑的展示基地、低碳学术的交流基地、低碳信息的资料中心；此外，杭州市下城区正在积极开展低碳示范社区建设。示范型"以点带面"发展模式是杭州实行"低碳新政"、建设低碳城市的重要举措，也是杭州打造低碳城市的特色和亮点；除此以外，杭州市还进行了其他方面低碳发展的尝试，如大力开发利用太阳能等可再生能源，以"世界自行车之都"为特色，塑造绿色交通发展模式，开发低碳建筑等。

通过对杭州市碳排放的研究，综合对比碳排放量与 GDP 关系，2000～2007 年碳排放量与 GDP 增长趋势大致趋同，2008、2009 年碳排放量随经济增长表现为负增长。2000～2006 年碳排放量增长速率明显高于同期 GDP 增长速率，这一趋势在 2007 年得到了遏制，2008、2009 年甚至出现了反向关系，即出现了碳排放与经济增长的绝对脱钩现象，很大程度上直接反映杭州市低碳发展的卓有成效。

杭州市在打造低碳城市中取得的成效表明杭州市适合运行综合型

"低碳社会"模式。

5.2.2 低碳城市建设重点领域

以综合"低碳社会"模式为目标，杭州市低碳发展必须综合考虑碳源和碳汇两个方面，碳源主要考虑工业、建筑和交通三大重点领域，然而一切社会经济活动最终都要体现为现实或未来的消费活动，一切能源消耗及其排放在根本上都是受到全社会各种消费活动的驱动，所以生活消费也是必须要考虑的重点领域。碳汇方面主要考虑在杭州市加强森林为主的生态系统的规模和质量，最大限度的吸收储存 CO_2，减少已经释放到大气中的碳含量，即建设发展森林碳汇。

(1)低碳工业。工业部门是能源密集型部门，能源消耗约占全球能源利用的40%，现代工业的发展很大程度上是建立在对能源的消耗基础上。故发展低碳工业是建设低碳杭州的重要领域。低碳工业是以低能耗、低污染、低排放为基础的工业生产模式，是人类社会继农业文明、工业文明之后的又一次重大进步。低碳工业实质是能源高效利用、清洁能源开发、追求绿色 GDP 的问题，核心是能源技术和减排技术创新、产业结构和制度创新以及人类生存发展观念的根本性转变。杭州市发展低碳工业一方面把新一代信息技术、高端装备制造、太阳能光伏等新能源产业培育成新的支柱产业；另一方面，提高工业发展中资源循环利用水平，提高能源利用效率。

(2)低碳交通。城市交通工具是温室气体的重要排放源，发展低碳交通是低碳城市的重要领域。低碳交通包括以下几方面：一是以步行和自行车为主的慢速交通系统以及城市轨道交通的快速公交系统；二是限制城市私家汽车作为城市交通工具，尽量减少交通需求量；三是加大交通科技研发，降低单耗水平，提高清洁能源比重。

(3)低碳建筑。建筑耗能是城市耗能的重要环节。建筑施工和维持建筑物运行是城市能源消耗的大户，必然是低碳城市的一个重要领域。实现低碳建筑首推绿色建筑。绿色建筑需要既能最大限度地节约资源、保护环境和减少污染，又能为人们提供健康、适用、高效的工作和生活空间。绿色建筑的建设包括：建筑节能政策与法规的建立；建筑节能设计与评价技术，供热计量控制技术的研究；可再生能源等新能源和低能耗、超低能耗技术与产品在住宅建筑中的应用等；推广建筑节能，促进政府部门、设计单位、房地产企业、生产企业等就生态社会进行有效沟通。

(4) 低碳消费。一是倡导消费者在消费时选择绿色产品;二是在消费过程中注重对垃圾的处置,不造成环境污染;三是引导消费者转变消费观念,崇尚自然、追求健康,在追求生活舒适的同时,注重环保、节约资源和能源,实现可持续消费。低碳消费首先需要一种态度,然后形成一种习惯,最后定型为一种价值观。

(5) 森林碳汇。森林碳汇是森林生态系统吸收大气中的 CO_2 并将其固定在植被和土壤中,从而减少大气中 CO_2 浓度的过程。研究表明通过森林固碳方式来减缓碳释放不仅潜力巨大,而且是世界公认的最经济有效且最有发展潜力的办法,其成本大约是减排措施的 1/30,具备明显的成本优势。因此通过森林活动,增加森林碳汇,从而减少碳排放是发展低碳经济,建设低碳城市的创新途径和重要领域。

总之,杭州市低碳发展必须从转变城市发展模式着手,遵循渐进性、多样性、成本可控性、可推广复制性等原则,在打造低碳城市的过程中,必须充分依靠"从上而下"的激励与引导相结合和"从下而上"的创新与参与,打造综合型"低碳社会"的低碳品质之城。

2010 年 3 月温家宝总理在政府工作报告中明确提出:"要努力建设以低碳排放为特征的产业体系和消费模式。"即发展低碳经济要"两条腿"走路,低碳生产模式与低碳消费模式必须相结合,以低碳生产促进低碳消费,以低碳消费带动低碳生产,低碳生产和低碳消费缺一不可。下面分别介绍低碳生产模式和低碳消费模式。

5.3 低碳生产模式

低碳生产模式是一种可持续的生产模式。要实现低碳生产,就必须实行循环经济和清洁生产,以最大限度地减少高碳能源的使用和二氧化碳的排放,最重要的操作模式是"减量化、再利用和再循环"。低碳生产模式意味着能源结构的转变、产业结构的调整以及技术的革新,是杭州乃至中国走可持续发展道路的重要途径。此外,为了更好地低碳生产,还要加强碳管理。

5.3.1 模式选择的依据

5.3.1.1 资源与环境容量短缺是杭州市发展低碳经济的客观要求

低碳经济是以低能耗、低污染、低排放为基础的经济模式，是人类社会继农业文明、工业文明之后的又一次重大进步。低碳经济的核心是能源技术创新、制度创新和人类生存发展观念的根本性转变。而低碳生产顺应绿色生产、绿色消费的发展趋势，可以解决能源利用效率低和改善清洁能源结构问题。因此，发展低碳生产也是发展低碳经济的客观要求。

杭州市当前正处于工业化中后期阶段和城市化快速发展时期，面临的资源与环境压力不容忽视。2010 年杭州市人均耕地面积不到 0.03 公顷，是全国水平的 30%，远低于 FAO 规定的 0.06 公顷/人的最底警戒线，土地后备资源亦不足。人均水资源量低于全国水平，不到世界人均水平的 1/3。2010 年，杭州市 COD 排放总量达到 12.12 万吨(其中工业排放 8.15 万吨)，氨氮排放总量达 0.66 万吨(其中工业排放 0.22 万吨)。2010 年全市主要河流 56 个市控以上常规监测断面功能达标率为 76.8%。中心城区空气质量虽有所上升，但市区功能区空气质量未达到相应标准，此外，酸雨问题严重。低碳生产是缓解资源环境约束，发展低碳经济，实现可持续发展的根本出路，也是杭州市建设"生活品质之城"，打造"低碳城市"的迫切要求。

5.3.1.2 企业竞争力提升是杭州市增强区域综合实力的必然要求

显然，拥有低碳生产能力的企业在市场竞争中将毫无疑问地处于优势地位。在民众眼中，一个履行低碳生产的企业往往还会拥有其他良好的特质：产品质量过关、具有良好的社会责任等。低碳，已不仅仅只是一个技术的概念，还是一种良好的企业形象呈现。值得注意的是，低碳环保的生产模式对于企业吸引人才加盟也有着重要的帮助，一方面，员工在这样的企业中可以免受不良生产环境的危害。另一方面，低碳环保的生产模式也会使得员工对企业未来的发展充满信心，更乐意全身心地投入到工作中去。越来越多的企业和组织在选择合作伙伴时，也将是否采取低碳生产模式作为一个重要的考查内容。此外，通过技术革新可以让低碳生产产生经济效益。除了技术以外，"绿色供应链"的发展，也成为企业低碳生产的主动推动力。

发展低碳生产，企业是一个重要的主体和客体。不仅可以提升企业竞争力，也将给杭州市经济社会发展带来活力，在杭州市综合实力增强的同时为打造低碳城市提供保障。

5.3.2 模式的主要内容

低碳生产实质是一种可持续的生产模式，要实现低碳生产就必须实行循环经济和清洁生产。

中国经济的主体是第二产业，这决定了能源消费的主要部门是工业。同时，由于我国工业生产的技术水平落后，这就又加重了中国经济的高碳特征。资料显示，我国 70% 的终端能源消费都来自于工业，工业、建筑和交通的能耗比例大概是 7 : 2 : 1。预计到 2020 年，工业部门仍然将是最大的用能部门，也是获得节能效应最显著的部门。从城市内部来看，城市能源消耗主要在于城市产业（主要是工业）。对 2007 年 GDP 百强城市的分析表明，工业总产值每增加 1 个单位（亿元），会导致 0.446 个单位（万吨标煤）能源消耗的增长，这说明工业生产对能源消费具有较大影响，工业发展对能源的依赖性依然很强。工业部门的高能耗和高排放，直接影响了城市的环境质量状况。2005 年监测的全国 522 个城市中，只有 4.2% 的城市达到国家环境空气质量一级标准，56.1% 的城市只达到二级标准，而有 39.7% 的城市则处于中度或重度污染中。因此，在城市发展规划中要推动低碳生产发展，一方面要加快经济结构调整，加大淘汰污染工艺、设备和企业的力度，提高各类企业的排放标准，提高钢铁、建材、电力等行业的准入条件，实现清洁生产；另一方面将目前产业系统与资源环境系统的单向、线性耦合关系变为一种循环的、有补偿回路的耦合关系，将城市产业发展建设为循环经济的体系。

5.3.2.1 发展循环经济

循环经济是一种与环境和谐的经济发展模式，要求把经济活动组织成一个"资源/产品/再生资源"的反馈式流程，其特征是低开采、高利用、低排放。低碳经济下，企业可持续健康发展目标的实现，必须以环境保护为基础。产品的生产应该采用循环经济模式，对在生产过程中产生的"三废"等，按照减量化、再利用、资源化原则，利用低碳技术，通过物质的闭路循环流动，实现物料投入的减量化、中间产物和副产物的再利用以及废弃物的资源化，减少资源浪费，降低环境污染，提高资源回收率，挖掘产品生产过程中的附加值，实现经济、社会和环境效益的最大统一。

（1）"减量化"要求企业用较少的原料和能源投入来实现生产。减量化是低碳生产的首要环节，是企业合理利用资源、降低生产成本、实现利润最大化的有效途径。

减量化投入包括原材料、电力、燃油、设备设施等投入的减少和"三废"等污染物排放的减少。生产型企业应进一步推行以"节能"为中心的技术创新，在保证安全的前提下，开展创新技术、创新管理的"双创"活动，对生产设备进行合理配置，提高利用效率，延长设备的生命周期，创建生产设备的循环使用机制，提高循环利用效率。

（2）"再利用"是通过生产过程的控制来提高资源利用率。"再利用"原则要求企业在生产过程中对产生的"三废"进行有效处理，开发替代材料，尽可能利用副产品、废弃物、废旧物资，以减少企业用于基础设施建设和购买设备的资金花费和污染物的排放，以尽可能地提高资源利用率，延长物料的使用周期，防止物料过早地成为垃圾。

（3）"资源化"要求将最终废弃物变废为宝。生产企业产生的最终废弃物可以再利用。企业可以以本部为依托，延伸产业链，开展"三废"利用产业，扩大其综合利用途径，力求使企业资源利用形成一个闭路循环，减轻对环境产生的污染。

解决杭州市的环境污染问题，要追求所有的物质和能源在经济和社会活动的全过程中不断进行循环，控制经济和社会活动中的乱排放，合理和持久地运用生产过程中的所有物质和能源，把经济活动对环境的影响降低到最低程度。

5.3.2.2 推行清洁生产

清洁生产是从资源开采、产品生产、产品使用到废弃物处置的全过程中，最大限度地提高资源和能源的利用效率，减少消耗和污染物的产生，从而间接降低了温室气体的排放。清洁生产不仅是企业的基本责任而且关系到企业生死存亡。清洁生产是一种全新的发展战略，它借助于各种相关理论和技术，在产品的整个生命周期的各个环节采取"预防"措施，通过将生产技术、生产过程、经营管理及产品等方面与物流、能量、信息等要素有机结合起来，并优化运行方式，从而实现最小的环境影响以及最优化的经济发展水平。清洁生产可以使企业生产的产品本身没有污染，而且产品生产过程不会对环境造成污染，从而实现经济的可持续发展。清洁生产是从生产领域满足生态需要，实现可持续消费的最佳方式之一，因其体现的是用预防性政策取代末端治理为主的污染控制政策，因此，清洁生产能够实现经济效益、环境效益与社会效益真正统一。

企业要实现循环经济和清洁生产必须依靠科技创新。科技创新是解决日益严重的生态环境和资源能源问题的根本出路。要早谋划、早安排，建立能源科技储备，当前要瞄准低碳能源和低碳能源技术，积极开展研究开发和示范工作。一方面，依托现有最佳实用技术，淘汰落后技术，推动产业升级，实现技术进步与效率改善；另一方面，大力开发相关技术，包括碳捕获和碳封存技术、替代技术、减量化技术、再利用技术、资源化技术、能源利用技术、生物技术、新材料技术、生态恢复技术等，通过理论、原理、方法、评价指标等方面的创新，寻求技术突破，以更大限度提高资源生产率及能源利用率。

"十一五"期间，杭州市循环经济"770 工程"累计实施循环经济项目 70 个，循环型工业和农业园区分别完成投资 196 亿元和 32 亿元，两个基地被列入国家循环经济试点基地；一些企业和项目被列入循环经济重点企业和项目。淘汰了一批"小印染、小化工、小电镀、小造纸"的四小企业，全面推进清洁生产，全市已有 1000 余家企业完成清洁生产审核验收，部分企业实施清洁生产方案，上述举措的实施标志着杭州市向低碳生产模式迈出了坚实的步伐。

5.3.2.3 加强碳管理

为了更好地控制温室气体排放，应推广和加强碳管理，目的是减少产品和服务全寿命周期碳排放，并寻求以最低成本有效的方式减少和抵消碳排放的过程。碳管理包括 4 个环节。①碳审计。它由 3 个步骤组成。一是确定排放源、测算排放量。目前主要依据政府间气候变化专门委员会(IPCC)报告指南确定的测算范围和方法及一些国家和组织执行的测算标准；二是根据自身发展战略，确定减排目标；三是根据目标选择适合的核算方法。②抵消和减少碳排放。通过碳审计找出排放的关键环节，可以有针对性的采取多种措施。③碳报告。即对企业所排放的温室气体或者减排的成果，按照信息披露指南要求对外公布。世界可持续发展工商理事会发布的第三代《可持续发展报告指南》，国际标准组织发布的《ISO 26000 社会责任指南》等，都规定了这种报告的内容和格式。④碳核证。即认证机构对报告的内容和要求进行审核，并出具保证书。

加强碳管理，不仅可以更好地应对气候谈判，以低成本节能减碳，还能提升企业竞争力，降低其碳约束风险，最终提升城市、国家的碳竞争力和综合实力。

5.4 低碳消费模式

低碳消费是一种基于文明、科学、健康的生态化消费方式。在目前中国社会条件下，广义的低碳消费方式涵义包括五个层次：①"恒温消费"（Constant consumption），消费过程中温室气体排放量最低。②"经济消费"（Economic consumption），即对资源和能源的消耗量最小，最经济。③"安全消费"（Consumer safety），即消费结果对消费主体和人类生存环境的健康危害最小。④"可持续消费"（Sustainable consumption），对人类的可持续发展危害最小，从而不危及后代的需求。可持续消费连接着从原料提取、预处理、制造、产品生命周期到影响产品购买、使用、最终处置诸因素各环节中的所有组成部分，而其中每一个环节又对环境存在多方面的影响，所以不能孤立地理解和对待可持续消费。⑤"新领域消费"（New areas of consumption），转向消费新能源，鼓励开发新低碳技术、研发低碳产品，拓展新的消费领域，更重要的是推动经济转型，形成生产力发展新趋势，将扩大生产者的就业渠道、提高生产工具的能源效益、增加生产对象的新价值标准。

狭义的低碳消费的概念有三层含义：①倡导消费者在消费时选择未被污染或有助于公众健康的绿色产品；②在消费过程中注重对垃圾的处置，不造成环境污染；③引导消费者转变消费观念，崇尚自然，追求健康，在追求生活舒适的同时，注重环保、节约资源和能源，实现可持续消费。低碳消费模式回答了消费者怎样拥有和拥有怎样的消费手段与对象，以及怎样利用它们来满足自身生存、发展和享受需要的问题。环境就是系统，低碳消费模式着力于解决人类生存环境危机，其实质是以"低碳"为导向的一种共生型消费模式，使人类社会这一系统工程的各单元能够和谐共生、共同发展，实现代际公平与代内公平，均衡物质消费、精神消费和生态消费；使人类消费行为与消费结构更加科学化；使社会总产品生产过程中，两大部类的生产更加趋向于合理化。

低碳消费首先需要一种态度，然后形成一种习惯，最后定型为一种价值观。一个社会大众的消费模式会引导市场的价值取向，最终催生一种适应这种消费需求的经济现象。也即是说，一个社会要推动一项经济模式的发展，必须以大众的消费模式为根基。低碳消费模式体现人们的一种心境，一种价值和一种行为，其实质是消费者对消费对象的选择、决策和实际购买与消费的活动。消费者在消费品的选择过程中按照自己的心态，根据一定时期、一定地区低碳消费的价值观，在决策过程中把低碳消费的指标作为重要的考量依据和影响因子，在实际购买活动中青睐低碳产品。低碳消费模式代表着人与自然、社会经济与生态环境的和谐共生式发展。低碳消费模式的实现程度与社会经济发展阶段、社会消费文化和习惯等诸多因素有关。因此，推行低碳消费模式是一个不断深化的过程。

消费模式对资源环境有着重大影响，是建设低碳经济、打造低碳城市必须关注的重要方面。杭州低碳城市的打造必然要求市民改变习以为常的消费模式和生活模式，建立绿色低碳的生活方式。在国外许多发达国家居民家庭能源的消费已超过了工业能源消费，成为能源消费新的增长点，因此提倡市民低碳生活消费是极为现实和急迫的议题。低碳消费和生活是指在生活消费中所耗用的能量尽力减少，尤其是 CO_2 的排放量，从而减少对大气的污染，减缓生态恶化。简单具体的来讲就是提倡大家优化个人生活习惯，如少开车、使用节能灯、使用可再生能源、少吃口香糖、使用环保袋、自觉提高空调制冷温度、双面打印等等一些小事，一点一滴从自己做起。

5.4.1 模式选择的依据

5.4.1.1 低碳消费模式是推动低碳生产和缓解环境压力的最终力量

消费对生产具有反作用，并在一定程度上引导着生产的发展方向与趋势。企业的目标都是为追求利润最大化，而消费作为生产的最终目的和再生产新的需求起点，是企业实现利润最重要的环节之一。因此，只有消费群体接受并实行低碳消费模式才能从根本推动低碳生产，缺乏低碳消费模式就无法给低碳生产找到一个最终的出口，那么整个低碳生产也将是空中楼阁，无从谈起。因此，实现低碳消费不仅仅是消费本身的问题，而且是关系到低碳生产能否顺利开展、最终实现的根本性问题。

中国自改革开放以来经济发展十分迅速，在经济建设领域不断取得重大成果，但由于长期受粗放型经济增长模式影响，出现了能源供应日趋紧张和环境不断恶化的困境。据有关专家估计，我国每年因为水质污染、大气污染、生态环境破坏和自然灾害造成的损失近3000亿元。据国际能源机构估算，2001~2030年，中国能源部门需要投资2.3万亿美元，其中，80%用于电力投资，约为1.84万亿美元；另外，2006年英国发表的《斯特恩报告》认为，以全球每年GDP的1%进行低碳经济投资，就可以避免将来每年GDP5%~20%的经济损失。以2006年的GDP来计算，中国向低碳经济转型所需要的投资大约为每年250亿美元，目前这方面的缺口还很大。现在到未来很长一段时间，都是中国经济发展的关键时期，为了既不影响经济发展速度又同时能够缓解能源日益紧张与环境不断恶化的问题，低碳经济成为必然抉择，那么作为低碳经济一部分的低碳消费也就顺理成章的成为了中国城市的现实需要。

5.4.1.2 低碳消费方式是杭州市低碳城市发展的重要环节

由于人类的消费活动必须以能源消耗为代价，人类的现代文明是以大量二氧化碳排放为代价的。人们衣食住行等日常生活中总要消耗电、煤气、汽油等资源，总要使用诸如塑料袋、纸张、电脑等物品，因而每天都在产生能源消耗和温室气体排放量。据权威调查显示，2005—2008年间，每年我国居民生活用能已经占到全国能源消费量的大约11%，二氧化碳排放的11%是由居民生活行为及满足这些行为的需求造成的。杭州市生活能源消费比重(因数据获取原因，以电力消费情况反映)比全国平均值要高，见图5.9。

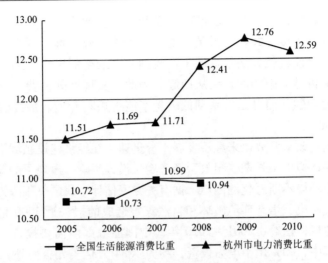

图5.9 杭州市与中国生活能源消费比重对比

资料来源：中国统计年鉴2010，杭州市统计年鉴2006-2011

尽管目前中国、杭州市人均二氧化碳排放量相对较低。以2006年为例(表5.6)，杭州市 CO_2 年排放量远低于上海和北京，但人均 CO_2 年排放量虽低于上海，但略高于北京，并且是中国人均值的2.39倍。依据5.1部分杭州市碳排放情况，可以发现其增长速度较快。所以个人的低碳消费方式对于全球温室气体的减排也具有相当重要的意义。发展低碳经济的关键在于改变人们的高碳消费倾向，减少对化石能源的消费量，减少碳足迹，实现低碳生存。低碳消费方式是低碳经济的重要环节，低碳经济只有依托于低碳消费方式才能实现真正的节能减排。

表5.6 国家或城市 CO_2 排放状况对比

国家或城市	CO_2 年排放量/万吨	人均 CO_2 年排放量/吨
中国	541587.2	4.12
美国	569677.5	19.06
日本	121244.2	9.49
上海	21982.0	12.11
北京	14465.1	9.15
杭州	6548.7	9.83

资料来源：诸大建，陈飞，等．上海建设低碳经济型城市的研究．上海：同济大学出版社，2010，本书5.1章节．

5.4.1.3 杭州市已经具备倡导低碳消费的基础

低碳消费模式作为新型的消费模式，是要将保护气候环境与满足消费所需两者和谐结合，要让人们在消费的过程中学会合理消费，减少温室气体排放和对环境的损害，使人们消费行为与消费结构更加科学化，并意识到环境质量是生活质量的重要组成部分。大家都已认可这样一个观点：低碳消费模式体现人们的一种心态、一种价值和一种行为，代表着人与自然、社会经济与生态环境的和谐共生。选择低碳消费模式不仅是一种生活模式，更是一种优良价值观的体现，提升了人们的责任感与使命感，有助于其精神家园的建设，使人达到物质需求与精神需求的和谐统一，最终有利于人的自由与全面发展，是更高层次的消费模式。

低碳消费作为更高层次的消费模式，其能否推广实施离不开公众素质的提高和杭州市经济社会的发展。为了证实这一观点，课题调研小组于 2010 年在杭州全市辖区内(上城、下城、江干、拱墅、西湖、滨江、萧山、余杭 8 个区，建德、富阳、临安 3 个县级市，桐庐、淳安 2 个县)随机选取 1082 名公众进行问卷调查，有效样本数 1072 份。问卷主要分为受访公众基本情况和调查的主体内容两部分。基本情况调查包括是否常住人口、性别、年龄、受教育年限、职业、年收入等问题，主体内容包括：环境变化认知情况、低碳消费意愿等情况。运用 logistic 计量模型，分析影响公众进行低碳消费的因素。计量模型表示如下：

$$\ln\left(\frac{p_i}{1-p_i}\right) = \alpha + \beta W_i + \chi F_i + \delta X_i + \phi E_i + \theta D_i + \varepsilon_i$$

其中，$\left(\frac{p_i}{1-p_i}\right)$ 代表公众愿意进行低碳消费与不愿意参与的概率之比。p_i 表示公众 i "是否"愿意参与进行低碳消费的一个二分变量；W_i 代表公众 i 受教育程度，用受教育年限表示。F_i 代表公众 i 收入水平，用年收入水平指标表示；X_i 代表公众 i 职业的虚拟变量；E_i 代表公众认知的虚拟变量，代表公众对于温室气体减排的认知等；D_i 代表公众 i 所在的地区虚变量；ε_i 为随机扰动项，α，β，χ，δ，φ，θ 为待估参数。

本研究使用 Eviews 软件对模型进行了估计，表 5.7 为回归模型的估计结果。

表 5.7 Logistic 模型分析结果

解释变量	参数	t 统计量
常数项	−4.580	19.366 ***
教育年限(年)	0.105	3.325 *
年收入(1 = <1 万元;2 = 1 万 − 5 万元;3 = 5 万 − 12 万元;4 = 12 万 − 30 万元;5 = >30 万元)	0.491	9.256 *
职业(1 = 公务员;2 = 学生;3 = 教师;4 = 个体经营者;5 = 企业员工;6 = 事业单位员工(教师之外);7 = 退休;8 = 待业;9 = 其他)	0.602	2.891
对温室气体减排的认知(1 = 知道;0 = 不知道)	1.320	5.648 **
区域(1 = 杭州市区,0 = 其他县市)	1.457	15.692 ***
$R^2 = 0.743$ $D - W = 1.860$ $F = 73.712$		

资料来源:公众调查

注: * 表示 10% 的显著性水平, ** 表示 5% 的显著性水平, *** 表示 1% 的显著性水平。

结果表明,公众受教育年限、年收入水平、对环境与温室气体减排的认知、所在区域等因素与公众低碳消费意愿显著相关,分别通过了10%、10%、5%、1% 的显著性水平检验,回归系数分别为 0.105、0.491、1.320、1.457。即公众文化程度越高,收入越高,对环境与温室气体减排的认知越强,位于杭州市区,越愿意进行低碳消费,且支付能力越强。

杭州已迈入中等发达地区行列,正在向高收入水平迈进。在 2011 年全国主要城市(46 个)人均收入排行榜中,杭州市排名第八位,省会城市排名第二位,从另一个侧面反映了杭州市已经具备倡导低碳消费的基础,所在区域对受访公众低碳消费意愿产生影响也表明打造低碳城市,倡导低碳消费的举措深入杭州市民民心。随着杭州市经济社会的进一步发展,公众收入与素质的提高,低碳消费更是大势所趋。

5.4.2 模式的主要内容

5.4.2.1 积极培育低碳消费理念

在低碳理念培育方面政府应起到主导和推力作用,积极导入、普及、深化低碳理念,培养公众低碳生活消费的习惯,使低碳消费成为社会主导的消费模式。政府应该为低碳生活营造舆论氛围,继续加大新闻宣传力度,组织电视、报纸、新闻、网络等各种媒体围绕城市低碳生活进行舆论宣传。策划系列活动,寓教于乐中普及低碳生活理念。依托市级媒体专栏、专题策划系列群众参与性活动，动员社会各界、市民群众积极参与到低碳城市和生态型城市建设中来。

（1）理念导入，普及教育。杭州市通过建立低碳科技馆引入低碳生活理念。杭州低碳科技馆建设用地面积16718平方米，总投入约4亿元人民币。2008年7月，科技馆建设工程正式开工，2011年上半年开馆。低碳科技馆是公益性科普设施，其基本职责是：以低碳为主题，进行低碳知识、低碳科技及低碳理念的普及和教育，同时，宣传杭州市在发展低碳经济、建设低碳城市和共建共享低碳生活等方面的成就，成为杭州市民了解"低碳经济、低碳社会、低碳城市"的基地。

（2）树立低碳理念，激发公众参与。杭州市鼓励市民从我做起，从现在做起，从点滴做起，从节约一度电、一度水、一升油、一张纸开始走向低碳生活。引导人们合理消费，适度消费，摒弃各种浪费能源、高碳的消费方式和生活方式。杭州市下城区启动了"低碳出行－每周少开一天车"大型公益活动，号召辖区机关干部、企事业单位职工、社区居民中的有车族积极参与活动。10000多名车主签订了"绿色出行"承诺书，主动每周少开一天车。

（3）由点及面，层层推进。低碳城市、低碳城区、低碳社区、低碳家庭点面结合，全力打造低碳社会理念。城市的低碳离不开城区、社区、家庭的低碳。由点做起，建立典型，事半功倍。杭州市下城区是浙江省首个城区型国家可持续发展实验区，创建低碳社区是下城区创建低碳城区的重要组成部分，下城区研究制定了低碳社区考核（参考）标准，第一批启动11个社区的低碳社区创建，采取了"政府推动、社区主体、部门联动、全民参与"的工作机制。下城区积极探索低碳家庭的评判标准和方法，研究制定了"低碳（绿色）家庭参考标准"，建立"低碳家庭"创建制度、"家庭低碳计划十五件事"，同时印制了大量《家庭节能妙招》，通过各种途径发放给广大家庭，全力开展"低碳家庭创建"活动。同时进行"示范低碳家庭"的评选，并进行鼓励表彰。

5.4.2.2 积极推广低碳产品的使用

近年来，世界多个国家向社会公众传达和倡导一种以顾客为导向的低碳消费理念和采购模式，同时鼓励企业开发低碳产品和技术，提倡采购低碳产品并影响产品的上游生产链，从而在全社会促进低碳生产和低碳消费,最终达到减少全球温室气体排放的效果。杭州市处于快速城市化和现代化的阶段,能源需求快速增长,要向低碳社会转型,并减少社会发展对气候变化的影响,产品全生命周期的节能减排是一个重要环节。可以通过对低碳产品进行标识和认证,以及适当采取补贴手段刺激和吸引消费者的购买选择,以此鼓励低碳产品的生产和消费,并提供环境友好的服务。一方面,低碳产品的消费,可使企业竞争添加新的突破点,促使企业进行产品设计时考虑产品整个使用周期的环境因素,不断开发和提供环境压力较小的产品,以强化产品在消费市场中的地位和竞争力;另一方面,低碳产品的推广实施也可提高消费者的环境保护和绿色购买意识,使消费者通过选购、消费、处置商品等日常活动,积极参与低碳城市建设。低碳产品通过市场和政府的双重驱动可最终达到改善经济发展模式的目的,并能正确引导消费者对低碳产品偏好,加大公众对低碳产品的需求。

同时随着科技的不断发展,低碳消费正快速进入公众的视野,健康、环保的生存环境已成为公众需求新的发展方向。与人们生活密切相关的家电、汽车等产品的环保性能对消费者本身有重大影响。制定并发布节能产品市场准入目录,以空调、冰箱、洗衣机等家用电器为重点,推进一批节能家电居民选购工作;继续推广高效照明产品,扩大半导体照明(LED)路灯应用范围。如果政府部门、企业、最终消费者都能积极参与到推行低碳产品的推广实践中,必将全方位构建低碳生产、低碳营销、低碳消费崭新理念。

5.4.2.3 打造市民生活居住的低碳空间:低碳绿色建筑

建筑是人们生活、工作、学习、消费的空间,低碳建筑在人们日常生活减排中有举足轻重的作用,建筑的低碳保障设施也会直接或间接影响人们日常生活消费习惯。建筑物温室气体排放量甚至超过全国温室气体排放量的30%。这其中,商业物业的碳排放量又约占建筑物碳排放量的38%。因此,建筑尤其商业建筑推行碳减排和提高能效的措施对于防范全球气候变化具有重要意义。"十一五"期间,杭州市颁布实施了一系列规范性文件和政府规章,初步形成了杭州市实施建筑节能工作的政策、规章和标准体系。新建建筑全面实施节能50%标准,执行率达到100%。重点推进太阳能热水系统,太阳能光伏发电,地热能应用的示范工作，在全国率先实施"阳光屋顶示范工程"。"十一五"期间，全市太阳能光热集热面积达 350 万平方米，地源热泵建筑应用建筑面积 150 万平方米，国家光电建筑应用示范项目 12 项(累计装机容量 11.14 兆瓦)。2010 年杭州市开始积极探索绿色建筑创建工作，组织编制了"杭州低碳(绿色)建筑技术导则"，指导绿色建筑创建工作，既有建筑节能改造和能耗监测取得阶段性成果。2008 年以来，完成了市政府综合办公楼等 60 余幢机关办公建筑和大型公共建筑能耗监测。结合杭州市庭院改造，组织实施了居住建筑节能改造，完成了 30 余幢公共建筑的节能改造。全市建筑节能工作取得了阶段性成效。

建筑节能要把低碳理念贯穿于建筑全寿命周期之中。严格执行新建建筑节能标准，强化监管力度，确保新建建筑 100% 达到相关节能标准；鼓励使用环保节能保温建筑材料，营造低碳理念房产环境，全面推广符合低碳标准的建材、规划设计、开发等，积极参与低碳示范项目的建设。

杭州市在"十二五"期间应加大低碳节能技术改造力度，以杭州市申报国家级可再生能源建筑应用示范城市为契机，推动全市以光伏、光热和地(水)源热泵等可再生能源建筑规模化应用的全面发展，组织实施楼宇节能减碳技术改造示范项目。加大太阳能技术的推广应用力度，"十二五"期间，继续推广和安装太阳能电池板和太阳能热水器，制定相关的补贴和资助政策。加快垃圾中转站的彻底改造，实施"垃圾清洁直运"模式，完善环卫基础设施，控制二氧化碳和污染物排放。推进公共建筑节能改造，鼓励大型公共建筑使用分布式供能系统和太阳能利用设施。严格执行新建居住建筑和公共建筑 65% 的节能标准，推广建筑节能适用技术和材料，建成一批低碳、零碳示范建筑。推广"可持续建筑标准"，实行设计环节标准化、施工环节规范化和验收环节闭合化的建筑节能管理模式，规范节能建筑设计标准和图集、施工技术规程、验收规范、运行管理规则，依法推进建筑节能工作。实施建筑节能改造，提高建筑节能效果。组织实施低能耗、绿色建筑示范项目，大力推广节能省地环保型建筑，积极推动可再生能源与建筑一体化发展。

5.4.2.4 积极推动低碳出行理念和低碳交通设施建设

行是人们生活中必不可少的一部分，出行成本占着人们日常生活消费的很大部分，采取何种出行方式，对城市交通和环境有着直接影响。

尤其随着城市经济发展，人们生活水平和品质的提高，私家车的普及，城市交通和环境问题更加突出。过去的十年全球二氧化碳排放总量增加了13%，而源自交通工具的碳排放增长率却达25%。出行方式的单位碳排放量比较顺序依次是：小轿车0.51kg/（km·人）、公共汽车0.062kg/（km·人）、轨道交通0.049kg/（km·人）、电动车0.017kg/（km·人）、自行车0kg/（km·人）、步行0kg/（km·人）。从以上数据可以看出，小轿车碳排放量最大，从实际情况来看私家车的普及也是城市环境和恶化的主要因素之一。虽然小轿车给人们的生活便利和生活品质带来一定程度的提高，但从低碳环保角度来讲不是最佳的出行方式选择。低碳出行理念的提倡和转变尤为必要和迫切。所谓低碳出行指对环境影响较小的任何出行方式，包括步行、自行车、公共交通、绿色车辆、汽车共享等，同时强调建立并保护低能耗、节省空间、促进健康生活方式的城市交通系统。绿色交通旨在通过促进环境友好型交通方式的发展，减少环境污染，减轻交通拥挤，合理利用资源，让城市更适宜居住，同时，低碳交通设施的建设也是公众低碳出行的根本保障。

杭州市作为长三角的中心城市之一，交通碳排放量在整个城市碳源中占了很大比重。提倡和主导绿色交通对杭州市有着极其重要的现实意义。杭州在低碳交通建设这块已经取得一定的成功，在全国范围内产生较大影响，尤其公交自行车系统已成为城市低碳交通示范亮点。自行车专用道特别是市区河道慢行交通系统，将成为杭州建设"低碳城市"的最大亮点和特色。因此，杭州市在发展"低碳交通"中设定的目标是：到2020年，"免费单车"服务体系将覆盖八城区，规模达到17.5万辆。杭州市将大力发展电动汽车的基础设施建设，逐步建成一个包括集中充电站、标准换（充）电站、配送站网点和充电桩在内的服务网络。从2010~2012年，依托现有城市综合体配套的超市、停车场等资源，杭州将建设集中大型充电站4座、充换电站38座、配送站145座、独立充电桩3500套，满足3万辆电动汽车的能源供应。到2020年，杭州主城区要建成满足10万辆电动汽车充电需要的服务网络规模，加上2020年地铁总长度能达到278千米，市区公交车辆出行分担率达到50%以上，节能与新能源公共汽（电）车比例达到25%以上，届时，地铁、公交车、出租车、"免费单车"、电动汽车、"水上巴士"等交通工具"零距离换乘"，绿色出行将成为一个体系，为杭州市民和游客的低碳出行提供了极大的便利和保障。

5.5 森林碳汇模式

森林碳汇是森林生态系统吸收大气中的 CO_2 并将其固定在植被和土壤中，从而减少大气中 CO_2 浓度的过程(李怒云，2006)。通过采取有力措施。如造林、恢复被毁生态系统、建立农林复合系统、加强森林可持续管理等，可以增强碳吸收量。现阶段，应对气候变化，打造低碳城市，发展低碳经济有两大基本途径：一是节能减排，二是固碳增汇。

作为发展中国家，工业化和城市化将是支撑中国未来三五十年持续高速增长的强大动力，就我国当前的经济发展阶段而言，大幅度减碳会对经济发展造成较大的影响。在此背景下，充分利用森林的固碳增汇作用，无疑是成本低、潜力大、副作用小、见效快的应对措施。随着城市化进程的加快，森林碳汇在改善城市生态环境、打造低碳城市中发挥的作用将越来越大。

5.5.1 模式选择的依据

(1)森林碳汇是具备成本优势的减排途径。森林生态系统是全球碳循环重要组成部分，研究表明通过森林固碳方式来减缓碳释放不仅潜力巨大，而且是世界公认的最经济有效且最有发展潜力的办法，其成本大约是减排措施的 1/30，具备明显的成本优势(van Kooten et al，1995；Murry，2000；Benítez et al，2004)。因此，通过森林活动，增加森林碳汇，吸收大气中的 CO_2 是具备成本优势的减排途径，有利于低碳城市建设。

(2)增加森林碳汇是杭州市建设低碳城市的创新途径。面对日渐突出的城市生态环境问题，在加快中国城镇化进程的新时期，城市森林发展现已成为生态化城市建设的重要形式和内容。在生态化城市的发展中，城市森林作为城市之"肺"，是城市生态系统中的重要组成部分，是陆地中重要的碳汇和碳源，具有独特的生态服务功能。2010 年底杭州市中小企业数量已超过 16 万家，主要以出口加工业为主，低端产业居多，造成了企业生产过程中大量资源的消耗和温室气体、污染物的排放。传统的依靠减少碳排放源的减排方法，需要大量的资金和技术扶持，已无法满足杭州市中小企业减排的大量需求，必须探索其他有效途径。开展森林碳汇发展模式，即营造大量城市森林，增加森林碳汇，实现碳减排正是杭州建设低碳城市的创新途径。

(3)杭州具备良好的森林资源基础。杭州市拥有良好的森林资源基础，2010年杭州市林地面积117万公顷，全市森林覆盖率64.56%。为森林碳汇发展模式的建立奠定了坚实基础。因此，重建城市森林生态系统，增加森林碳汇可以满足杭州低碳城市建设中对于碳减排的要求。另一方面，2010年城区绿地面积148.45平方千米，城区绿地率35.98%，建成区绿化覆盖率为40.0%，人均公园绿地从2005年的10.44平方米上升到15.1平方米。随着"城市绿色"的增多，可以使杭州真正成为"绿色杭州"、"清凉杭州"。

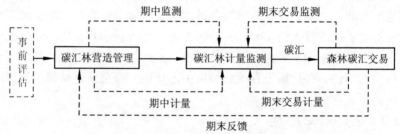

图 5.10　杭州市森林碳汇发展模式

在杭州市发展森林碳汇模式中主要遵循三个时间段包括事前评估、期中监测和期末反馈，开展3个层面的工作，包括造林(碳汇林营造管理)、计量监测(碳汇储量计量和监测)和交易(森林碳汇交易)。①碳汇林营造管理。事前评估是杭州市森林碳汇发展模式的起点。对项目可行性和必要性进行深入彻底的研究，继而经过论证后开展森林碳汇项目。在建立符合杭州市实际的森林碳汇发展模式中，选择合适的树种，运行碳汇标准技术规范，开展碳汇林营造管理是杭州市发展森林碳汇模式的基础和前提。②计量监测。在碳汇林营造管理过程中，需要构建杭州市碳汇计量监测体系，这贯穿了杭州市发展森林碳汇模式的始终，是联系碳汇林营造管理和森林碳汇交易纽带。碳汇林计量监测包括了碳汇林营造管理和森林碳汇交易中全方位的计量和监测，从而提供权威的、有说服力的杭州市森林碳汇数据和决策依据，为开展碳汇交易奠定基础，因此它是杭州市发展森林碳汇模式的技术保障。③森林碳汇交易。是杭州市发展森林碳汇模式的价值实现途径。利用市场机制，将碳汇林营造管理产生并由碳汇监测计量体系准确计量的碳汇交易出去，从而获取相应的碳汇收益，通过期末反馈形式将部分碳汇收益重新投入到碳汇林营造管理中，可以为森林碳汇的供给主体提供巨大的经济激励，有助于他们更积极的投入碳汇林的营造和管理。

5.5.2 模式的主要内容

5.5.2.1 实施和强化碳汇林的营造和管理

（1）基于多目标，开展多种森林碳汇经营方式。根据杭州地区的适生树种，采用灵活多样的高效健康经营方式，加强现有林经营管理，提高林分生产力、提高森林质量和森林碳汇功能，是杭州市未来森林碳汇最大的潜力所在。目前，基于碳汇为主要目标的森林经营还处于起步和尝试阶段，需要进行大量的技术创新。根据杭州市的森林类型与经营特点，按照突出重点、典型示范原则，将杭州市的现有林碳汇经营类型组织成5个大类15个小类。

（2）建立碳汇林经营技术标准和规范。在具体经营实施和森林资源管理工作中，要着重从增汇和减排两个角度，根据各种典型和主要的森林类型，按照表5.8的碳汇经营目标和重要经营技术，注意幼林抚育、中幼林抚育间伐、林分改造、封育措施、土壤保持、森林采伐和森林经营等各个方面和环节，采用有利于提高森林生物量、提高土壤稳定性和增强森林生态系统固碳功能目标的森林经营技术和策略。通过造林营林试验和实践，总结现有碳汇林业相关标准和有关技术规程，以杭州市主要树种和特色森林类型为重点，制定符合区域特点的碳汇造林、碳汇营林地方标准体系，加快碳汇林业建设与管理的标准化、国际化进程。

（3）做好技术资料收集与建档工作。满足可测量、可报告、可核查等"三可"原则是碳汇造林以及碳汇营林项目的基本要求。因此，项目实施单位或碳汇林业管理部门要以项目为单位，做好技术参数记录收集，建立完整的技术档案，由专人负责，长期保存，以备项目核查和后续的碳汇计量、监测和碳汇交易之用。碳汇造林档案主要内容包括：碳汇造林项目实施方案、造林作业设计文件和相关图表、基线调查表、碳汇计量参数记录表、造林地权属证书复印件、碳汇造林项目任务批准通

表5.8 现有主要碳汇林经营类型组织

类型号	经营类型		经营目标	重要经营技术
	大类	小类		
1	乔木用材林	一般松木林	大径、增汇	生态高效经营
2		一般杉木林	大径、增汇	生态定向培育
3		一般阔叶林	提高碳储量、增汇	生态健康经营
4		次生低产退化林	恢复提高生产力	近自然促进恢复经营
5	经济林	山核桃林	增植林下灌草，增强土壤稳定性，减少水土流失、减排	生态恢复性经营立体复合经营
6		茶叶林	减少排放、增加生物量	近自然生态经营
7		其他经济林	施有机肥、增强土壤稳定性，增肥促汇	生态经营立体复合经营
8	竹林	集约经营毛竹林	缩短更新周期，提高林分密度、减少施肥排放	调控优化经营
9		一般经营毛竹林	保笋保竹，提高林分密度、	集约生态经营
10		雷竹林	适当调整经营强度、减少干扰排放	生态改造经营
11		笋干竹林	农林间作、适当施肥	农林复合经营
12	防护林	水源涵养林	封育为主，适当抚育，提高生产力	积极保护性经营
13		水土保持林	保护性经营进行抚育间伐	人工促进生态经营
14	特用林	自然保护林	全面封育经营健康管理	全面封育经营
15		风景林	保护性经营丰富色彩层次	积极保护性经营

资料来源：临安市碳汇办公室相关二手资料整理

知书、造林项目实施合同、造林施工单位和施工日期、监理单位、监理人员和监理日期、施工、监理的组织、管理、检查验收和成林验收情况，其他相关资料及相应的电子文档和信息管理系统。

(4)强化碳汇林经营管理。建议成立杭州市碳汇林业领导小组和碳汇林业管理办公室，具体负责碳汇造林、营林工作的审批、组织、验收、碳汇计量监测、监督管理以及向上级申报碳汇项目等。

组建杭州市碳汇林业技术服务中心，开展碳汇林业技术咨询，项目基线调查，碳汇造林、营林方案编制，碳汇造林、营林技术设计，营造林过程技术指导以及碳汇造林检查等。这是开展经常性碳汇造林和营林的重要基础。

(5)加强碳汇林经营技术创新与技术推广。与高等院校、科研院所合作,利用政策、资金吸收高层次科研人员参与开发研究,重点研发和创新以下技术:杭州市主要造林树种的碳储量模型开发;主要造林树种的碳汇造林技术;典型森林类型的碳储量计算及生长预测模型;典型森林类型的固碳减排提升技术等,为碳汇林业发展做好技术储备和支持。加强新技术推广,以杭州市主要相关职能部门为核心,以各市(区)县为骨干,以各乡镇林业站为基础大力宣传、推广碳汇造林、碳汇营林技术,使碳汇造林尤其是碳汇营林的理念和技术不断深入人心,并成为林农的一种自觉行动。

(6)重视人才培养与队伍建设。重视高层次技术人才、管理骨干的引进和培养工作,调动人才资源,优化资源配置。通过讲座、培训、自学等方式加强林业技术人员的培养、提高政策水平和专业能力,使其良好掌握碳汇造林、营林和相关管理技术,全面提升林业专业队伍的整体素质,为碳汇造林、营林发展提供智力保障。

5.5.2.2 建立杭州市森林碳汇计量监测体系

杭州市森林碳汇计量监测工作内容主要有3方面,①对碳汇造林项目预期产生的净碳汇量进行事前预估和计算;②制定碳汇项目监测计划和方案,以确保造林项目产生的项目净碳汇量具有准确性、可靠性、透明性、可测定性和可核查性;③对项目运行期内的所有造林活动、森林管理活动、与温室气体排放有关的活动、项目边界以及项目净碳汇量进行监测。

在项目碳汇计量和监测过程中,严格遵循以下五项原则:①保守性:在参数选择时,要使基线情景下的碳储量增加量被高估,或项目情景下的碳储量增加量被低估,或项目情景下的排放量被高估;②透明性;③优先性和可比性:采用的碳计量参数优先考虑来自当地的参数,然后考虑最新的国家水平缺省值;④降低不确定性;⑤成本有效性。

从具体措施来说,主要包括以下四个方面:

(1)成立碳汇计量监测管理部门。碳汇项目实施、碳汇计量监测等工作政策性、专业性强,综合性高,需要抽调强有力的专业技术骨干和管理骨干组成,以保证工作的正常高效运转。因此,建议与碳汇造林、营林工作一起,由杭州市碳汇林业管理办公室具体负责。

（2）与碳汇计量监测资格单位建立合作关系。森林碳汇计量监测是一项科学严肃、技术要求较高的工作，为了保证碳汇计量和监测工作科学规范，计量结果真实可靠，符合项目碳汇量可测量、可报告和可核查要求。国家林业局规定，我国境内范围所有的森林碳汇项目，其碳汇计量监测工作必须由具备国家林业碳汇计量与监测资格的单位承担，最终报告要由林业碳汇计量与监测技术负责人（具备专门证书）终审确认。

目前，浙江农林大学已获得由国家林业局认定和颁发的林业碳汇计量与监测资格证书。这是全国首批也是浙江省唯一一家获得国家林业碳汇计量与监测资格认定的单位。杭州市政府和林业主管部门要充分利用资源优势和便利条件，与浙江农林大学建立长期的碳汇计量与监测技术服务合作，规范指导杭州的碳汇计量监测工作。

（3）注重全市尺度的碳汇动态计量监测技术研发。新造林项目碳汇计量与监测和林分经营项目碳汇计量与监测，都是基于项目单元开展的。而建立全市尺度的碳汇动态预估和监测技术对于快速预估和预测大尺度、中精度的碳动态具有重要意义。要重点发展或创新的技术有：

①多源遥感数据及新型遥感技术，森林碳储量估算技术。以遥感、地理信息系统及全球定位系统为支撑，重点研究森林资源多尺度、跨区域监测技术；研发森林碳储量遥感估算统计模型原型系统，分析森林碳生存与碳储量时空动态，提高大尺度森林碳储量估算精度。

②基于森林资源监测数据的森林碳储量及变化预测技术。利用杭州市森林现有资源监测体系，基于森林资源监测数据，开展森林碳储量计量和估算技术研究，建立创新、科学、实用的技术体系。以森林资源监测为基础，研究有效的森林碳计量技术与方法，结合遥感、地理信息系统和全球定位系统等技术，研究区域森林碳储量综合估测技术。

③基于无线传感网络的森林碳动态测算技术。发挥无线传感技术连续、动态、自动获取等优势，研究基于无线传感网的县域森林碳动态自动监测技术和更新技术。

④集成相关技术，实现杭州市森林碳储量与碳动态计算机管理系统软件。

（4）构建碳汇计量监测技术服务网络。在杭州市碳汇林业管理办公室统一管理和指导下，以杭州市相关职能部门为核心，以下辖各县市

(区)为骨干,以各乡镇林业站为基础,以碳汇计量监测服务中介为补充,构建起较为完善的碳汇计量监测技术服务网络。加强讲座、培训和学习,提高各层次、各网络结点人员的碳汇计量监测专业能力,提高技术服务水平。通过电视广播、网络媒体、宣传手册等途径或平台大力宣传碳汇计量与监测知识。

5.5.2.3 构建杭州市森林碳汇交易机制

杭州市可以充分发挥森林资源丰富的优势,引进 CDM 项目,一方面为本地区的低碳城市发展引进资金,另一方面也直接促进了低碳城市的建设和发展。通过本地区的森林碳汇交易,一方面可以在保证全市排碳量不增加的前提下减缓本地企业节能减排的压力,另一方面也为本地区的低碳城市建设筹措资金,还为提高市民的低碳城市建设意识做思想宣传工作。森林碳汇交易的双方是碳汇供给者(包括森林经营企业、森林经营农户和其他森林经营单位)和碳汇需求者(包括有碳汇需求的企业、政府、公共团体和个人),交易的对象是经过核实的森林固碳量。建立森林碳汇交易机制是实现森林碳汇的前提和基础。森林碳汇交易机制详见图 5.11。

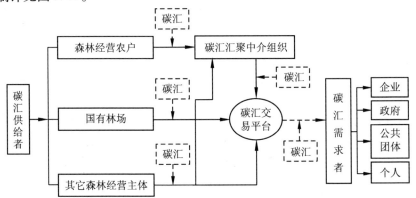

图5.11 杭州市森林碳汇交易机制构建

(1)森林碳汇的供给者。森林经营农户是碳汇供给者的重要部分,他们通过对森林的经营管理,使森林的生态效应得以发挥,固定大气中的二氧化碳,降低了大气中二氧化碳的浓度。经营农户向社会提供的森林生态价值是可衡量的一定量的碳汇。但由于目前杭州地区的森林经营农户存在知识欠缺、分散性和小规模性等缺点，在碳汇市场上进行交易的交易成本大，不具有优势，因此，需要通过成立杭州市的碳汇汇聚中介组织把分散经营农户的碳汇汇集起来，统一组织，形成规模较大，交易主体少但有一定优势的交易主体，在市场上以独立的经济主体的形式进行交易。

国有林场是森林碳汇的主要供给者。林分质量较好、大规模连片森林都是由国有林场进行规模经营，因此，国有林场必然成为森林碳汇交易的主要参与者，它是森林碳汇经营的主要潜在群体。林场通过大规模的森林经营管理，一方面获得了木材等经济价值，另一方面也向社会提供了碳汇等森林生态价值。当然林场经营森林的生态价值必须得到一定的补偿，才能保证其经营过程中更加注重森林的生态效益，而不局限于其经济价值。国有林场可以直接将森林固定的经过核证的碳汇量到市场上进行交易，也可以通过碳汇汇聚中介组织汇聚形成更大规模的碳汇量后进行交易。

森林产品加工企业、集体林的经营管理者和各种社会公共团体经营管理者在内的其他森林经营主体也是森林碳汇的供给者。他们对森林的经营管理对森林生态价值的发挥具有不可忽视的作用。因此他们在未来的森林碳汇交易体系建成后也必然成为重要的交易主体。这些森林经营主体可以自己把它们经营的森林碳汇拿到碳汇交易市场上进行交易，也可以通过碳汇汇聚组织进行碳汇交易。

(2)森林碳汇的需求者。杭州市具有排放指标的企业是森林碳汇的主要需求者。企业因为生产加工燃烧大量的化石燃料而向大气中排放大量的二氧化碳，这些排放的二氧化碳需要通过森林碳汇的形式予以补偿。在全球气候变暖的背景和国家政策的驱动下，企业将会承担大部分的节能减排任务，压力将随之增大，为弥补自身节能减排能力的不足，企业将会通过购买森林碳汇的方式抵消其部分二氧化碳温室气体排放量。因此，企业必将成为主要的碳汇需求者。

基于担负着低碳社会建设的责任和生态保护的目标，杭州市政府将把维持全球碳平衡、降低大气中二氧化碳的浓度作为未来的重要任务之一，因此，也成为未来森林碳汇的重要需求方。政府通过向森林经营者支付一定的资金，购买一定量的森林碳汇，保证经营者在进行森林经营管理时拥有确定的固碳量。目前杭州市以生态公益林补偿费的形式发放给农户的补贴，一旦森林碳汇交易机制建立后，将会以森林碳汇量的多少来决定给森林经营者多少的财政补贴。

包括杭州市各种组织在内的公共团体，在森林碳汇交易机制逐步完善后也必将成为重要的碳汇需求者。这些公共团体因为承担的社会角色和联系的广泛性，在未来的碳汇交易中将会成为重要的碳汇需求者。这些公共团体普遍具有较多的资本购买森林碳汇，他们在购买森林碳汇时也要求森林碳汇具有切实可衡量的碳汇量。

个人，基于生态保护意识和社会责任，在未来的碳汇交易中将会成为一支潜力巨大的碳汇需求者队伍。杭州市人均生产总值已经突破1万美元，市民的物质消费占总支出比重将持续下降，而对生态环境（如饮用水、空气质量）、绿化水平、休闲旅游、娱乐健身等需求将持续上升。对全球气候变暖意识的增强，对生态环境保护的重视和个人作为公民愿意承担越来越多的社会责任，很多个人将会有碳汇方面的需求。当然，这种需求是建立在公众切实感受到森林生态效益的基础上。

（3）森林碳汇的交易。森林碳汇的供给者和森林碳汇的需求者通过森林碳汇的交易平台进行交易。交易时，碳汇供给者提供的是经过核实的一定量的森林碳汇量，他们希望通过交易得到进行森林经营管理的补偿；碳汇需求者提供的是一定的资金，希望通过交易得到经过核实的固碳量。通过交易，森林经营管理者得到了森林经营的补偿费用，碳汇需求者得到了经过核实的森林碳汇量。对于购买森林碳汇的企业来说，这些经过核实的森林碳汇量可以用来补偿其额外排放的二氧化碳，对于社会来说，得到了更好的生态环境。森林碳汇交易平台的建立和森林碳汇交易机制的运行，使得森林经营者和社会取得了双赢的结果——经营者获得了经营的补偿，社会获得了良好的生态环境，最终实现了经济社会的可持续发展。

但当前森林碳汇交易存在的主要问题是，需求方不明确，交易对象计量困难，交易机制不健全及这些因素共同导致的交易市场不成熟。

因此，建立森林碳汇交易机制，目前迫切需要解决的问题是：①通过法律法规明确需求方，让排碳企业、由于生活排碳的个人、政府和其他组织成为明确的森林碳汇需求者；②用科学的方法测定森林的净固碳量；③确定合理的碳汇指导价格，让森林经营者能够得到应有的经营补偿，让森林碳汇交易机制得到正常和长期的运行；④建立健全森林碳汇交易的法律法规体系，规范市场交易行为。

5.5.2.4 开展森林碳汇相关的生态文明宣传活动

长期以来，社会经济的发展和人类活动对环境造成越来越多的负面影响，生态恶化问题已经成为威胁人类生存的全球性问题，加强生态道德教育，提高人们保护自然、爱护环境的意识非常重要。由于森林具有良好的生态功能，孕育着丰富的生态文化，应该在实施生态道德教育、推进生态文明建设中发挥出重要作用。

而碳汇林业是一项需要政府主导、社会参与的社会公益事业，又是一项需要正确引导、大力宣传和市场推动的新生事物。杭州市可以通过建设公众碳汇林，培育新型生态道德教育基地，并提供广大民众参与碳汇、了解碳汇的开放平台。以公众碳汇林建设活动为载体，大力宣传普及森林碳汇知识，不断提高公民生态道德意识，引导树立低碳生活模式，构建杭州文明和谐社会。

在杭州市公众碳汇林基地，设立"森林碳汇个人认购"服务点，为公众提供"参与碳补偿、消除碳足迹"的相关服务。公众可以出资购买碳汇，获得"购买凭证"或"碳汇证书"，森林碳汇管理机构或部门集中资金后，委托造林公司和碳汇计量监测资格单位开展碳汇造林和计量监测工作。造林树种选择以生态速生、冠形优美、色彩丰富、功能多样生态景观型树种为主。

本研究在公众森林碳汇服务认知与支付意愿的调查中，证实了发展森林碳汇的必要性与可能性，但还需要加强宣传。在杭州市对 220 位公众进行了调查，收回有效问卷 212 份，样本有效率达 96.4%。表 5.9 显示了被调查者的基本情况：主要来自浙江（93%），其中，男性较多（57.1%）；19~35 岁的居多（58.5%）；大学文化较多（46.7%）；有 34% 的公众人均月收入为 2000~5000 元，30.2% 为 1000~2000 元之间，小于 1000 元的占 22.6%（主要是学生）；所在单位在企业和其他

（主要是学生）的居多（分别占 33.5% 和 31.6%），居住在城市的居多
（40.1%）。

表5.9　调查对象基本情况

变量分类	样本数/人	比例%	变量分类	样本数/人	比例/%
性别			月均收入（元）≤1000	48	22.6
男	121	57.1	1000~2000	64	30.2
女	91	42.9	2000~5000	72	34
年龄（岁）			5000~10000	16	7.5
≤18	20	9.4	>10000	6	2.8
19~35	124	58.5	工作单位性质		
36~45	44	20.8	政府机关	4	1.9
46~55	15	7.1	事业单位	24	11.3
>55	9	4.2	企业	71	33.5
文化			个体经营户	46	21.7
小学及文盲	9	4.2	其他	67	31.6
初中	43	20.3	居住地		
高中	54	25.5	农村	37	17.5
大学	99	46.7	乡镇	22	10.4
研究生及以上	6	2.8	县城	62	29.2
			城市	85	40.1

知道森林有吸收二氧化碳作用的人占 78.3%（166 份）；认为森林
固碳应该得到补偿的占 86.0%（178 份）。78.8%（167 份）的人愿意为森
林固碳支付费用，即愿意购买森林碳汇服务。

为进一步明确影响公众购买森林碳汇服务意愿的因素的影响程度及
其显著性，笔者建立了支付意愿影响因素的计量经济模型，对 212 个公
众样本进行了分析。

表 5.10　各变量与公众购买森林碳汇意愿的关系

变量分类	比例/%	变量分类	比例/%	变量分类	比例/%	变量分类	比例/%
性别		初中	74.4	政府机关	50.0	是	80.7
男	80.2	高中	79.6	事业单位	79.2	否	60.0
女	76.9	大学	79.8	企业	77.5	是否愿意为个人排碳付费	
年龄(岁)		研究生及以上	66.7	个体经营户	76.1	是	86.5
≤18	85.0	月收入元		其他	83.6	否	54.9
19~35	76.6	≤1000	83.3	居住地		是否知道森林有固碳作用	
36~45	81.8	1000~2000	73.4	农村	86.5	是	83.1
46~55	73.3	2000~5000	79.2	乡镇	81.8	否	63.0
>55	88.9	5000~10000	81.3	县城	62.9	森林固碳是否应得到补偿	
文化程度		>10000	66.7	城市	85.9	是	82.0
小学及以下	88.9	工作单位性质		个人是否有必要减排		否	62.1

说明：表头中"比例"为愿意购买森林碳汇的人数占该类中的比例。

本研究考察的是公众购买森林碳汇服务的意愿，含义为公众愿意购买还是不愿意购买，结果只有两种，即愿意和不愿意。传统的回归模型由于因变量的取值范围在正无穷大与负无穷大之间，在此处不适用。故采用二元因变量的 Logistic 回归模型，通过采用 Forward LR(偏似然比向前)法对其回归参数进行估计。Logistic 回归模型为：

$$\text{Logit}(p) = \ln[p/(1-p)] = b_0 + b_1 x_1 + b_2 x_2 + \cdots + b_p x_p。$$

其中：p 为公众愿意购买森林碳汇的概率，$p/(1-p)$ 为公众愿意购买森林碳汇的发生比(odds)，x_i 表示影响公众购买森林碳汇的各种因素，包括性别(x_1)、年龄(x_2)、文化程度(x_3)、月收入(x_4)、个人是否有必要减排(x_5)、是否愿意为个人排碳付费(x_6)、是否知道森林有固碳作用(x_7)和森林固碳是否应得到补偿(x_8)。变量说明见表 5.11。

表 5.11   公众对森林碳汇支付意愿的有关变量定义

变量	变量定义	取值	取值定义
因变量			
y	是否愿意购买森林碳汇服务	1, 2	1 为愿意，2 为不愿意
解释变量			
x_1	性别	1~2	1 为男，2 为女
x_2	年龄	1~5	1 为 18 岁及以下，2 为 19~35 岁，3 为 36~45 岁，4 为 46~55，5 为 55 岁以上
x_3	文化程度	1~5	1 为小学及以下，2 为初中，3 为高中，4 为大学，5 为研究生及以上
x_4	月收入	1~5	1 为 1000 元以下，2 为 1000~2000 元，3 为 2000~5000 元，4 为 5000~10000 元，5 为 10000 元以上
x_5	个人是否有必要减排	1~2	1 为是，2 为否
x_6	是否愿意为个人排碳付费	1~2	1 为愿意，2 为不愿意
x_7	是否知道森林有固碳作用	1~2	1 为是，2 为否
x_8	森林固碳是否应得到补偿	1~2	1 为是，2 为否

使用 SPSS17.0 对模型进行了估计，逐步回归的参数估计和检验见表 5.12。

表 5.12   Logistic 回归参数估计和检验结果

解释变量	回归系数	标准误	Wald 统计量	显著度	发生比
性别	0.844*	0.423	3.978	0.046	2.326
年龄	-0.206	0.258	0.638	0.424	0.814
文化程度	-0.082	0.219	0.141	0.707	0.921
月收入	0.229	0.218	1.100	0.294	1.257
个人是否有必要减排	1.329*	0.634	4.392	0.036	3.777
是否愿意为个人排碳付费	1.661**	0.422	15.463	0.000	5.262
是否知道森林有固碳作用	0.984*	0.448	4.834	0.028	2.676
森林固碳是否应得到补偿	1.389**	0.517	7.212	0.007	4.012
截矩	-8.884	1.807	24.171	0.000	0.000

说明：** 为1%水平下显著，* 为在5%水平下显著。

从以上结果可以看出，"是否愿意为个人排碳付费"和"森林固碳是否应得到补偿"对公众购买森林碳汇意愿在 1% 的水平下都有显著的正面影响。这说明公众越愿意为个人排碳付费以及越认为森林固碳应该得到补偿，就越愿意购买森林碳汇。"是否知道森林有固碳作用"、"个人是否有必要减排"和"性别"对公众购买森林碳汇意愿在 5% 的水平下有显著的正面影响。说明公众对森林固碳的作用越了解，就越倾向于购买森林碳汇服务。而认为个人有必要减排的公众就越愿意购买森林碳汇服务。男性相对女性更倾向于购买森林碳汇，认为个人有必要减排的公众比认为个人没有必要减排的公众更愿意购买森林碳汇。一般来说，男性更多地扮演着社会角色，也更具社会责任感，而女性相对来说则可能因为关注时事不多而对诸如气候变化之类的问题不太关注。同时，年龄、文化程度和月收入对公众购买森林碳汇意愿均没有显著影响。部分原因可能是调查的样本结构不够均匀，特别是年龄和文化程度的分布局部过于集中，另外可能是由于现在森林碳汇尚属新生事物，中国公众的认知度普遍较低，与这些变量的关系还没有体现。

调查分析结果表明：①公众对森林碳汇服务的购买意愿较强。根据计量结果，目前公众对森林碳汇服务的购买意愿较强（占 78.8%），说明公众对保护环境和节能减排的意识比较高，最主要的影响因素有：多数人（73.6%）愿意为个人排碳付费；大部份人（86.0%）认为森林吸收二氧化碳应得到补偿；多数人（78.3%）对森林固碳的作用有所了解；绝大多数（90.6%）的人认为个人有必要减排。男性（80.2%）相对女性更愿意购买森林碳汇。②不同群体对森林碳汇购买意愿存在差异。根据交叉统计分析，相比较而言更愿意购买森林碳汇的人群特征为：男性、年龄在 19 岁以下、55 岁以上和 36 ~ 45 岁、小学及以下和大学文化、月收入在 1000 元以下、5000 ~ 10000 元和 2000 ~ 5000 元、工作单位性质为其他（主要是学生）和事业单位、居住地在农村和乡镇。③公众对购买森林碳汇服务的意识基础较好。虽然在森林固碳的补偿渠道选项中，选择"政府直接补偿"和"开发利用森林单位给予补偿"的居多，而选择"设立森林生态税"的较少。但在个人对森林经营者进行支付的渠道选项中，选择"个人交森林生态税"的最多，其次是"购买森林生态专项基金（或彩票）"和"从水电费中支付"。说明公众对购买森林碳汇服务有较好的意识基础，特别是在购买生态彩票或捐资绿色碳基金方面的潜力较大。

据此，提出如下建议。

(1)倡导低碳生活方式，出台低碳发展政策。通过群众熟悉的多种形式宣传低碳发展模式，使用排碳量少的交通工具和家用电器等，降低生活中个人和家庭的碳排放，实现消费方式从高碳向低碳的转变。出台低碳发展政策，可考虑逐步对排碳量较高的产品征收碳税，将其中的一部分作为森林碳汇基金进行造林增汇；也可通过税费和水电费结构改革，将个人收入所得税和水电费中一定比例划入森林保护专项基金，而且要保证基金使用的透明度，完善基金管理制度；另外，还可考虑发行生态彩票以拓展绿色碳基金的融资渠道。

(2)提高公众对森林碳汇的认知程度，引导公众参与造林增汇活动。加强对企业和个体经营户在森林碳汇方面的宣传，特别是排碳量较大的企业，使其认识到购买森林碳汇是为企业形象所做的最好的正面宣传，从而激发其购买森林碳汇以抵消其部分碳排放；此外，积极宣传森林碳汇，可以通过发行生态彩票，并可考虑和其他彩票一起发售，而且最好在超市或地铁站等方便的地方就能买到，从而吸引公众，特别是城市、高收入的男性人群参与造林增汇活动。

6 杭州市低碳城市的发展策略

基于 SWOT 分析和利益相关者分析，明确了杭州市发展低碳城市的内部优势和劣势、外部机遇和挑战，梳理了各利益相关者在低碳城市发展中的作用和对低碳城市的认知及需求意愿，并据此提出了杭州市低碳城市发展模式，包括低碳生产模式、低碳消费模式和森林碳汇模式为核心的综合"低碳社会"发展模式。鉴于低碳城市发展是一项复杂的系统工程，因此，为了实现杭州市综合"低碳社会"发展模式，需要从多维度设计其发展策略。在立足杭州市实际情况、充分挖掘杭州市特色的基础上，本研究认为杭州市打造低碳城市应重点采取以下发展策略：提升现代服务业与推行清洁生产相结合，发展特色低碳产业；推进城市能源结构调整，实现优质清洁能源的综合利用；构建立体式多功能城市生态系统，建设"清凉杭州"；建设低碳示范社区和低碳教育载体，引导低碳消费；构建"五位一体"交通体系，促进低碳交通消费；发展绿色建筑，推动和实现城市建筑低碳化。

6.1 提升现代服务业与推行清洁生产相结合，发展特色低碳产业

经济结构决定能源的消费结构，产业结构的变化相应影响产业能源消费结构的变化，在一定程度上也决定着温室气体的排放强度。为了降低经济的能耗强度和碳排放强度，发展杭州市特色低碳产业，一方面需要加快产业结构的优化升级，提升现代服务业发展水平；另一方面需要建立清洁发展机制，促进企业减排，淘汰落后产能，提高经济增长质量。

6.1.1 提升文化创意产业，发展现代服务业

前述分析表明，杭州市高碳排放活动以第二产业比重较大，建设低碳城市急需调整工业结构进行优化升级，转变产业增长方式，淘汰传统的高耗能、高污染、低效益劣势产业。而现代服务业是伴随着信息技术和知识经济发展产生，其利用现代化新技术、新业态和新服务方式，向

社会提供高附加值、高层次、知识型的生产和生活服务，属于低碳产业，符合杭州发展低碳城市目标的需要。

杭州市以打造"生活品质之城"为目标，2009 年 3 月，中共杭州市委、杭州市人民政府发布《关于实施"服务业优先"发展战略，进一步加快现代服务业发展的若干意见》[市委〔2009〕12 号]），明确提出实施"服务业优先"战略，积极发展文化创意产业为龙头的现代服务产业。因此，在低碳城市发展过程中应将提升文化创意产业作为现代服务业发展的重心。

6.1.1.1 以文化创意产业为龙头，发展现代服务业

文化创意产业以创新思想、技巧和先进技术等知识和智力密集型要素为核心，极大突破了传统产业高耗能、高污染、注重资源要素投入的特点，而杭州市拥有良好的生态和人文环境可以提供浓郁的创作氛围和灵感，而且社会资本充裕，这些优势为文化创意产业发展提供良好的条件。杭州目前已形成 11 个创意产业园区，2010 年杭州市文化创意产业增加值突破 700 亿元，达到 702 亿元。初步测算，全市文化创意产业增加值占全市 GDP 比重达到 11.8%，高于全市 GDP 增速 4.2 个百分点，高于全市服务业增加值增速 3.9 个百分点。一举超越商贸物流业、金融服务业，坐上服务业的"头把交椅"。但杭州市创意产业的发展同样面临着人才资源短缺、国内外竞争加剧等困难，因此，需要进一步提升杭州市创意产业的实力。

（1）建设文化创意产业集聚区。积极建设"一校、二河、三区"为特点的文化创意产业集聚区。"一校"是指中国美术学院的人力资源优势发展集聚区；"二河"是指拱墅区和下城区旧厂房沿运河分布的集聚区和沿西溪湿地建设的西溪创意产业园；"三区"包括杭州高新技术开发区中的江南高教园区、杭州高新技术开发区中的城西地区以及临近的各校区和浙江工业大学等组成的小和山高教区、杭州经济技术开发区及其下沙高教。对创意产业集聚地进行统一规划和整合，探索建立功能定位合理、具有特色的产业基地。在保护文化生态和历史风貌的前提下，充分利用旧厂房、仓库和老建筑，把它们改造成创意产业基地，避免大拆大建对历史遗产的破坏，让城市的文脉得以延续，并丰富其内涵，从而提升城市的功能。

(2)搭建创意人才培养高地。充分利用杭州市自身的科技和教育优势，联合浙江大学、中国美术学院、浙江工业大学、浙江理工大学、浙江传媒学院、浙江农林大学、杭州电子科技大学等高校搭建高水平创意人才培养基地，在这些高校开设专门的课程或专业，等条件成熟以后可设立创意学院，以培养创意人才。同时政府通过积极引进和培养并举，重点吸引在海外从事创意活动的优秀人才。市政府可设立"文化创意奖"，对发展文化创意产业做出突出贡献的集体和个人给予表彰和奖励。

6.1.1.2 以国际化服务业为突破口，提升现代服务业

文化创意产业是现代服务业的龙头，通过文化创意产业发展带同其他服务产业发展。目前杭州市已步入以服务业为主导的产业结构。2010年全市服务业增加值为 2893.39 亿元，增长 12.5%。但目前杭州市服务业总量和结构明显落后于北京、上海、广州、深圳等发达城市，2008年由于受到国际金融危机影响，全市服务业增速有所回落，未能实现占GDP 比重每年提高 1 个百分点的目标，针对目前存在的问题，大力实施"服务业优先"战略，打造"生活品质之城"，着力培育现代物流、电子商务、科技服务、中介服务和十大特色潜力产业，已经成为其加快产业转型、打造低碳城市的关键之举。实施"服务业优先"战略主要包括以下措施：

(1)打造杭州"不夜城"，促进低碳旅游消费。利用杭州市全国旅游城市的优势，将"低碳旅游"纳入到杭州主要旅游线路中，旅游景点包括低碳科技馆、西溪湿地、"西湖、西溪、运河、钱塘江、东海五水共导"等减碳工程；延长游客在杭逗留时间，鼓励商场、超市、专业卖场、餐馆等服务业场所在双休日和节假日延长夜间营业时间，倡导宾馆延迟中午结账时间至 14 时，把杭州市打造成"不夜城"，在机场、火车站、汽车站和游客集散中心等地设立旅游"一卡通"领用、回收服务点，实现旅游消费"一卡通"，并根据游客在杭逗留时间确定优惠折扣。

(2)设立国际化服务创业试验区，提高服务业信息化程度。吸引外国人士开设酒吧、餐馆、咖啡厅以及工艺品、特产售卖店等，提高服务业国际化程度。为"淘宝网"等电子商务网站的中小卖家开展国际、国内网上交易开辟若干个集中经营场所，完善物流等配套服务，促进个人

网上创业。国际化服务需要信息化加以支持。办好"96345"杭州服务信息化统一平台，鼓励和扶持华数公司、通信运营商、IT企业为杭州的服务业企业开发信息服务产品，以信息化推动服务业跨越发展。支持第三方电子商务企业建设杭州"全球招标信息平台"，将项目、研发等信息加以汇总、分类、评估，共享国际、国内资源。

（3）促进服务业与国际接轨，健全现代服务业标准体系。收集、梳理与杭州市现代服务业八大重点发展领域有关的国际、国家和行业标准，如在商贸旅游业推出"顾客满意指数"，并围绕杭州市现代服务业的发展特点，提出杭州市地方标准的研制计划，制定《杭州市现代服务业标准化发展规划》，逐步建立和完善以国际标准为标杆、国家和行业标准为主体、地方标准为补充，满足杭州市服务业发展需求，与国际先进水平接轨的科学、合理的现代服务业。

6.1.2 推行清洁生产，促进企业节能减排

产业结构影响能源消耗总量和经济能耗强度，第二产业是节能减排的重点行业。为了降低经济的能耗强度和碳排放强度，杭州市需要严格限制高耗能产业的发展，淘汰落后产能，利用市场机制推行清洁生产，从结构上实现经济的低碳、高效发展。

（1）建立高耗能产业退出机制，控制高能耗项目。推动低碳产业发展政策的实施，一方面要促使已经存在的高排放、高污染的企业尽快退出杭州市的低碳产业发展体系，另一方面要遏制新的高排放、高污染项目进入，从源头上保证碳排放量不再增加。

就杭州市而言，目前高排放、高污染的高碳产业主要包括小印染厂、小造纸厂、小化工厂、小冶炼厂、小电镀厂、煤电厂等。应结合实际确定本区域淘汰落后产能的重点行业和重点企业，进一步加大工作力度。市环保局要严格执行重污染行业环保准入政策，提高行业排放标准，迫使重污染行业调整结构，削减存量，腾出环境容量。对未在规定期限内淘汰落后产能的企业，有关部门要依法吊销其排污许可证、生产许可证、安全生产许可证，不予审批和核准新的投资项目，并依法停止落后产能生产的供电供水。市政府应加强淘汰落后产能核查工作，对未按期完成淘汰任务的地区，严格控制国家和省安排的投资项目，实行项目区域限批，并暂停该地区项目的环评、供地、核准和审批。对完成化

学需氧量减排任务较困难的地区，实行印染、造纸、化工、制革等重污染行业项目限批。

要严格执行《杭州市人民政府办公厅关于印发杭州市固定资产投资项目节能评估和审查管理暂行办法的通知》（杭政办函〔2008〕366 号），加强新上项目的节能评估和审查；严格环境准入制度，实施生态环境功能区规划，大力推进规划环境影响评估，改革和完善现行的环评审批制度，坚持空间准入、总量准入、项目准入"三位一体"，专家评价和公众评议相结合。主要污染物排放总量增长的地区，暂缓项目环评审批。对未通过环评、节能审查和土地预审的项目，一律不准开工建设；对违规在建项目，责令其停止建设，金融机构一律不得发放贷款，对已发放的贷款要采取妥善有效措施以保护信贷资产安全，有关部门要停止供电供水。

（2）鼓励企业清洁生产，强化源头控制。认真组织开展年度清洁生产试点工作，鼓励企业围绕节能、降耗、减排、增效目标，积极开展清洁生产审核工作，对照国内外同行业先进水平，查找企业在能源、资源利用方面的差距，提出和实施各类切实有效的清洁生产方案，从源头上削减能源和资源消耗，减少废弃物的排放。

（3）鼓励技术创新，推动节能减排改造。把节能减排改造作为企业技术改造的重要内容。积极推动节能减排新技术、新工艺、新设备的研究开发和推广应用，组织实施一批高效节能关键共性技术示范项目，加快淘汰国家和各级政府明令淘汰的落后设备和生产能力。

各级财政要进一步加大对节能减排重点项目的资金支持力度。除市级财政安排的工业循环经济专项资金外，市级财政安排的其他专项资金也要根据专项资金管理办法规定，加大对节能降耗重点领域、重点行业、重点项目的支持力度。各地区要将节能降耗指标落实到具体项目，节能降耗专项资金向能直接形成节能降耗能力的短、平、快项目倾斜，尽快下达资金，尽早收到成效。

加强电力、钢铁、有色金属、石油化工、化工、建材、印染、造纸等重点行业的节能降耗管理。要按照有关要求，发挥能源监测机构的作用，有计划地进行重点用能企业能源监察（审计）工作，推动企业开展电平衡测试工作，分析现状，查找问题，挖掘潜力，提出切实可行的节能措施，狠抓节能减排。

(4)建立市场机制，督促企业节能减排。目前杭州市是浙江省首个排污权交易立法的城市，应根据杭州市政府先后出台的《杭州市主要污染物排放权交易管理办法》、《杭州市主要污染物排放总量控制配额分配方案》、《杭州市污染物排放许可管理条例》和《杭州市主要污染物排放权交易实施细则(实行)》等一系列文件，积极推进杭州市重点排污企业在杭州产权交易所开展排污权有偿交易。

同时，实施市场化生态补偿试点，根据"谁受益、谁补偿，谁污染、谁付费，谁破坏、谁恢复，谁建设、谁受补"的原则，组织有关部门做好探索和试点工作，发挥市场机制灵活的优势，探索市场化的生态补偿模式。引导、鼓励社会资金投向环境保护、生态建设和资源建设，逐步建立政府引导、市场推进、社会参与的生态补偿和建设投融资机制。鼓励上下游地区建立水资源有偿使用的机制，使水资源得到更加合理配置和有效保护。

6.2　推进城市能源结构调整，实现优质清洁能源的综合利用

低碳城市建设以低碳经济为基础，其实质是提高能源利用效率和构建清洁能源结构。要改变传统燃煤为核心的产业链，推进能源结构调整，使太阳能、垃圾发电等新能源成为新的经济增长点。因此，大力发展新能源与可再生能源，减少碳排放是低碳城市建设的重要途径。

杭州市能源资源极度匮乏，能源对外依存度非常高。但另一方面，随着经济社会的快速发展，杭州市的能源消费总量持续上升，能源消费结构仍以煤炭为主，约占总能源的72%，而优质的清洁能源比重偏低，使得杭州市面临日趋增加的环境压力。因此，使用新能源和可循环能源势在必行。而使用此类能源强调技术、资金和人才优势，杭州市在这些方面具有明显的地域比较优势，建议大力推广和使用太阳能、潮汐能资源等新能源作为城市生活、照明、供热和城市交通信号的主要能源。

6.2.1　利用太阳能资源，发展光伏产业

太阳能具有清洁、可更新特点，大力发展太阳能光伏为核心的新能源产业是杭州经济转型升级的战略重点。杭州市太阳能光伏近年来发展迅速，全市涉及太阳能光伏产业企业50家，截止2010年企业实现销售

产值 30.5 亿元, 形成了一定的产业基础和技术储备。杭州市在利用太阳能资源, 发展光伏产业中主要包括以下措施:

(1) 优化产业布局, 促进太阳能光伏产业集群产生。以萧山区、高新区、经济开发区、钱江开发区等为核心, 按照完善产业链要求, 应积极发挥大企业、大集团的带动和支撑作用, 规划建设杭州市新能源产业园, 加快形成光伏产业规模化、集约化、国际化发展, 争取形成 4 个产业规模超 40 亿元的光伏产业集群。

(2) 积极扶持技术研发和消化吸收, 抢占产业链高端环节。积极重视产业链上游技术密集的多晶硅原料产业发展, 积极扶持物理法硅提炼技术的研究开发, 形成产业化, 鼓励电池及组件龙头企业与资源优势突出的中西部地区合作建立原料基地。鼓励硅片、电池及组件生产企业加强对引进技术的消化吸收, 提升电池光电转换率。加强光伏系统集成技术和控制器、逆变器等相关产品研发。重视太阳能光伏生产关键设备及其配套设备的研发和制造, 包括太阳能电池用光伏超白玻璃、背板、EVA 膜、封装材料、LED 太阳能照明器件等配套设备。

(3) 实施"阳光屋顶示范工程", 推进示范项目建设。建筑物是利用太阳能资源的良好载体。实施推广"阳光屋顶"计划, 将太阳能广泛应用到建筑照明、供热领域, 制定建筑领域应用太阳能光伏发电的设计、实施、验收等技术标准, 确保电网安全稳定。实施"太阳能光电建筑示范项目"、"金太阳示范工程项目"、"百万屋顶发电计划"和"百条道路太阳能照明计划"。实施太阳能光伏试点电站, 到 2011 年建成 1MW 以上太阳能光伏发电示范电站 2 座, 到 2013 年建成 1MW 以上太阳能光伏发电示范电站 5 座。

(4) 自主培育与重点引进结合, 推进重大投资项目建设。加快培育一批拥有自主知识产权和知名品牌, 核心竞争力强、主业突出、行业领先的龙头骨干企业, 如在硅片、电池及组件领域重点扶持正泰太阳能、万向太阳能、舒奇蒙能源、绿化能源等晶体硅电池重点企业; 在系统集成与设备领域重点扶持正泰太阳能、上方能源、浙大桑尼等企业; 在配套产品领域重点扶持浙大桑尼、福斯特、谐平科技等企业。着力引进国际一流的太阳能光伏薄膜电池和设备制造等相关产业, 促进高技术人才、资金和技术等要素向杭州优势区域集中, 培育行业领军企业, 形成产业集群，成为杭州市国家级太阳能光伏产业基地建设的重要支撑。

6.2.2 开发潮汐能资源，发展新能源产业

潮汐是蕴藏量极大、洁净无污染的可再生能源。据统计，全球蕴藏的可开发利用潮汐能总量达到 3 亿千瓦。杭州市的的的潮汐能资源中，以钱塘江口潮差最大，资源最丰富，其蕴藏量达 $590 \times 10^8 kw \cdot h/$年，几乎占全国的 25%。钱塘江口著名的海宁观潮处附近，拥有建万千瓦级以上潮汐电站的良好条件。该处最大潮差达 8.9m，潮汐能蕴藏量为 $590 \times 10^8 kw \cdot h/$年，居全国首位。如在黄湾筑堤挡潮蓄淡后，在乍浦建潮汐电站，水库面积可达 $785 km^2$，平均潮差 4.5m，装机容量 $316 \times 10^4 kw$，发电量 $87 \times 10^8 kw \cdot h/$年。如不考虑黄湾挡潮工程，单以乍浦或于浦建潮汐发电站，总装机规模为 $472 \times 10^4 kw$ 和 $249 \times 10^4 kw$，发电量为 $68.5 \times 10^8 kw \cdot h/$年。因此，在钱塘江建立潮汐能水电站，既可以利用潮汐发电，也可以起到净化钱塘江水质作用；研发新型的潮汐发电装置等新技术，如借鉴爱尔兰发展潮汐能的经验，在钱塘江海底安装涡轮发电机和海底风车，利用水流驱动发电，争取使杭州成为引领潮汐能发电技术发展的现代化城市。

6.3 构建立体式多功能城市生态系统，建设"清凉杭州"

基于气候变暖的影响，杭州市气温周期性变化处于峰值区域、再加上大气环流异常，杭州市区温度呈上升趋势。经测算，近年来夏季杭州市区平均气温达 28℃，在一些闹市中心地区气温甚至高达 40℃，给居民生活、工作带来了巨大的困扰。城市生态系统是城市居民与其环境相互作用而形成的统一整体，也是人类对自然环境的适应、加工、改造而建设起来的特殊的人工生态系统。城市生态系统中的生物组成因素，如森林、湿地等可以起到吸收二氧化碳等温室气体的固碳作用，与杭州市建设低碳城市的目标相符。而同时城市生态系统中的非生物因素如水、生物组成因素如森林等又可以起到遮蔽阳光、降低城市温度的作用，使杭州市成为"清凉的人间天堂"。

城市森林生态系统、水网和湿地生态系统建设是杭州市城市生态系统建设的重要亮点。近年来，杭州市围绕"蓝天、碧水、绿色、清静"目标，以实施 56.67 万公顷生态公益林等五大林业重点工程为抓手，着

力构建融山、水、林、园、城为一体的城市森林生态系统，获得了"国家森林城市"的荣誉称号。西溪湿地作为国内首个国家湿地公园，杭州市政府把保护和综合开发西溪湿地放在极其重要的位置；另一方面，杭州市地处江南水乡，市区河网纵横交错，水网密布，水资源和水利资源非常丰富，可以说"水"造就了杭州的美丽。杭州市区内河网水系分布可分为五个片区——运河片、上塘河片、下沙片、上泗片及江南片。上述五片区域涵盖了杭州市区绕城以内约930平方千米，涉及的河道共计400多条，总长度约998千米，其中1千米以上的河道291条，长度约873千米。

而在全球重视温室气体减排的今天，杭州市应重新赋予城市生态系统崭新使命，即通过再建城市森林和湿地生态系统，让杭州"绿"起来；通过构建城市水网生态系统，使杭州"活"起来，促进杭州市碳减排和碳吸收，从而建立杭州低碳生态城市环境，缓解杭州市热岛效应，达到建设"清凉杭州"的目的。

6.3.1 再建城市森林生态系统，增加森林碳汇

面对日渐突出的城市生态环境问题，城市森林发展已成为中国城镇化进程中生态化城市建设的重要形式和内容。在生态化城市的发展中，城市森林植被作为城市之"肺"，具有独特的生态服务功能。城市森林生态系统是城市生态系统中的重要组成部分，是陆地中重要的碳汇和碳源。2010年底杭州市中小企业数量已超过16万家，主要以出口加工业为主，低端产业居多，造成了企业生产过程中大量资源的消耗和温室气体、污染物的排放。传统的依靠减少碳排放源的减排方法已无法满足杭州市中小企业减排的大量需求，必须探索其他有效途径。利用森林碳汇作用降低温室气体排放量是世界公认的最经济有效且最有发展潜力的办法，其成本大约是减排措施的1/30，建设森林生态系统在原先维持城市生态环境的基础上，已被赋予新的功能，即通过营造大量城市森林，增加森林碳汇，实现碳减排。而杭州市拥有良好的森林资源基础，因此，重建城市森林生态系统，增加森林碳汇可以满足杭州低碳城市建设中对于碳减排的要求。另一方面，随着城市"绿色"的增多，可以使杭州真正成为"绿色杭州"、"清凉杭州"。

(1)基于区域差异调整城市绿化，完善城市森林生态系统平面布

局。根据杭州市东、南、西、北不同区域和社会经济发展条件，营造重点城市森林生态系统。①北片卫生防护林建设工程。发挥森林城市植被吸收固碳、吸滞粉尘、消减噪音等生态环保效应，减轻环境污染对人体的危害。重点对杭州市北部地区如杭钢等工业集中地区，选择树体高大、冠幅大、枝叶密的高固碳树种，根据污染源不同确定适宜的林分结构。近期建设碳汇林约 250 万 m^2，远期建设碳汇林约 210 万 m^2。②东片防风减灾林建设工程。强调森林城市的生态安全，在市区东部的下沙、钱塘江以南的萧山东部地区，选择抗风、耐盐碱的乔灌木，采取乔乔、乔灌或块状混交方式建设防护林。近期建设具有稳定性、多样性和防护性能强的防风、减灾林面积约 350 万 m^2，远期建设具有稳定性、完整性、多样性和防护性能强的防风、减灾林面积约 200 万 m^2。③西片休闲旅游林建设工程。在保护自然山体景观基础上，针对西片城乡结合部景观破碎、生态敏感与脆弱等不足，通过营造以各类不同季相的混交林为主的植被群落，构建城乡结合部休闲林建设工程，发挥城市"绿肺"功能。近期改造及新增城乡结合部休闲林约 400 万 m^2，远期改造及新增城乡结合部休闲旅游林约 350 万 m^2。

（2）基于区域特色探索立体城市绿化，推进城市森林生态系统垂直布局。杭州市城市绿化的原则是把私宅、公共建筑周围的植物景观纳入到街道绿化，并连成一体，构成了整个花园城市，立体和垂直绿化与常规绿化不仅是地面绿化，也包括空中绿化，如，屋顶绿化甚至包括阳台、窗台及墙面等的绿化。杭州市立体垂直城市绿化应注重有不同立地条件的各类植物在人工创造的环境里生长并出现在墙壁、阳台、屋顶及城市各类构筑物表面，或者采取乔木层、灌木层、草皮层等多层次混交的复层结构来发挥空间效益。

根据杭州市自身特色，因地制宜地选择适当的植物配置，如乔木下套种灌木、草皮就要求选用的灌木、草皮耐阴。在绿化树种上选择生长适应性强、高固碳、景观美的树种，如竹林。在适当区域可以营造成片块状毛竹林，既可以起到很好的固碳作用（一公顷毛竹的年固碳量为 5.09 吨，是杉木的 1.46 倍、热带雨林的 1.33 倍），又能提供有机食品如竹笋等，而且又可以为市民提供休闲、游憩和劳作之所，可谓一举多得；在墙面及棚加强绿化就应选些攀缘性植物，如紫藤、金银花、葡萄、牵牛花等；屋顶绿化可选些浅根性植物，如草莓、西瓜等。这样在不增加城市用地的条件下，增加杭州市城市绿化面积，提高了绿化覆盖率。同时积极探索垂直绿化新方案、新品种，出台政策意见和技术标准，推动垂直绿化走上制度规范化。

通过城市森林系统的再建，发挥森林景观和生态效益，一方面增加森林碳汇，另一方面让杭州市民和外来游客真正享受到"绿色杭州"、"清凉杭州"。

6.3.2 构建城市水网生态系统，打造"活力杭州"

城市水网生态系统是一个自然演化和人工干预共同作用下的复合系统，其功能的发挥取决于系统结构的完整性。城市河流的减少与水污染直接威胁城市的饮用水安全，并对城市生态系统的生物多样性造成破坏，进而影响城市生活和生产的方方面面。因此，城市与河流要有一个良好的关系。如何保护和利用好城市水系，充分发挥水环境在城市生活中的作用，已成为建设可持续城市的关键问题。

目前，杭州市区内河网水系分布可分为五个片区——运河片、上塘河片、下沙片、上泗片及江南片。上述五片区域涵盖了杭州市区绕城以内约930平方千米，涉及的河道共计400多条，总长度约998千米，其中1千米以上的河道291条，长度约873千米。构建杭州城市水网系统，主要包括水系疏通联网，水系综合整治、水文化打造等三个方面。

(1)疏通联网各水系，让水"通"起来。通过引水、配水激活城区水源，将水系疏通联网。从钱塘江引水冲洗，利用已建成的引配水设施，结合引水入城工程和河道疏浚整治，在主城区形成"钱塘江(上游)—运西河网—运河—上塘河—钱塘江(下游)"的杭州城区河网水体循环小系统和"钱塘江(上游)—运西河网—运河—上塘河—运河二通道—钱塘江(下游)"的河网水体循环大系统；同时，截污纳管保持水质清澈。要减少水质污染，进行截污纳管，把污水、废水全部收拢入城市主干管，不让它们进入河道非常重要。

(2)分等级成综合整治城区水系，让水"清"起来。根据杭州水系五片区即运河片、上塘河片、下沙片、上泗片和江南片分别整治，对杭州市绕城公路以内长度1千米以上的河道分治理等级完成全部整治。内容包括河道整治、沿河立面整治、架空杆线上改下、历史文化碎片挖掘整理、旅游景观资源开发等，到 2012 年使绕城公路以内的河道水质达到地表水环境质量Ⅴ类要求。

（3）保护和提升杭州水文化，让水"活"起来。对杭州城区河道沿岸各种历史文化资源进行调查，疏理、挖掘河道沿岸古迹的内涵，以提升水文化主题。除了沿岸的历史发掘，还将结合杭州旅游空间发展格局，围绕西湖、西溪、运河、钱塘江、湘湖 5 大旅游重点，提出 4 条主题游览线路：自然体验游、历史人文游、都会时尚游、水乡风情游，打造丰富多彩的旅游产品。

通过水网系统建设，让水系交通成为杭州市绿色交通枢纽的"景观线"，方便居民低碳出行，同时水系的畅通又能使杭州市城市温度大大降低，使杭州成为"清凉杭州"，同时也符合杭州建设低碳城市要求。

6.3.3 恢复城市湿地系统，保护"城市之肾"

湿地在提供水资源、调节气候、涵养水源、均化洪水、促淤造陆、降解污染物、保护生物多样性和为人类提供生产、生活资源方面发挥了重要作用，被形象的比作"城市之肾"。杭州市西溪湿地是我国第一个湿地公园，对杭州市城区生态环境改善有显著作用。但西溪湿地目前仍存在着诸如湿地面积减少、基础设施配套的不完善、周边文化存在湮没可能性等问题，恢复和保护势在必行。西溪国家湿地公园的恢复和保护主要包括以下三个方面。

（1）湿地内全部实行管网配置，建立生态净化系统。湿地内经使用后的污水完全纳管排放，一改过去污水直排对西溪湿地水质和环境的影响；建立生态净化系统。适量恢复秋雪庵、烟水渔庄等部分重点文化遗迹，农居拆迁后留下的裸露地表，在充分尊重原有地形、地貌、植被的基础上，采用乡土树种进行植被恢复。

（2）控制旅游人数，维护生态系统稳定。西溪国家湿地公园的游客人数，以湿地水体能自然降解游客在湿地公园活动所产生的污染为一条重要指标，并确定游客容量控制为每天 6000 人左右，其中一期工程游客人数控制为 3000 人左右，这样做一方面可以确保西溪湿地公园生态环境的可持续发展，另一方面也可以减少设施的配备对湿地景观的影响。

（3）尝试营造大水面、浅滩和水草地。通过增加水、陆关系的变化形式，使更多的植物、昆虫和鸟类能在西溪湿地找到合适的生存、繁殖地；在西溪湿地里补种的 16.67 余公顷的芦苇，它不仅是景致的一种恢复，更是为了水体的净化；设置水禽栖息地。在农田、养殖场，甚至房子附近的树林、院落、花园、绿地上设置人工鸟巢等设施，吸引鸟类的栖息。

除杭州市西溪湿地外，目前千岛湖库区已建有千岛湖国家森林公园9.5 万公顷和富春江国家森林公园 0.84 万公顷，应重视千岛湖库区自然资源的有效保护和合理开发。为确保千岛湖库区生态安全，强化生态保护力度，将千岛湖森林公园、富江春森林公园进行统一生态规划和保护，充分发挥库区生态功能，使千岛湖库区生态保护范围整合为 10.34万公顷。

综上所述，重点建设杭州市城市生态系统中的森林、水网和湿地生态系统，一方面维护杭州市生态系统的多样化和稳定性，促进城市景观美化，更重要的是能够降低城区温度，降低碳排放，让杭州市民和外来游客真正享受到"绿色杭州"、"清凉杭州"。

6.4　建设低碳示范社区和低碳教育载体，引导居民低碳消费

低碳城市是一个涉及全社会的系统工程，需要包括政府、科技人员、公众、企业等的多方参与，尤其是广大城市居民的共同参与。城市居民共同参与建设低碳城市，主要涉及到广大城市居民对原有生活和消费价值理念的突破和更新，但目前仍面临着巨大的困难，究其原因可能在于两个方面：①由于低碳经济和低碳城市的理念属于新生事物，公众缺少对低碳生活的认知；②低碳城市所提倡的公众低碳消费方式打破了传统民众追求物质享受的消费方式。因此，在低碳城市建设过程中政府如何引导和鼓励居民调整高碳消费意识和行为习惯，在日常生活中树立起低碳消费意识，是关系到低碳城市建设能否成功的关键所在。

通过建设低碳示范社区，让部分社区居民首先树立低碳生活方式，并将低碳生活理念和行动辐射到周边社区，最终可以引导和带动全市所有社区居民共同迈入低碳生活发展道路。通过建设低碳生活教育载体——"低碳科技馆"等，对公众普及低碳教育。从日常生活方式的倡导和科学低碳知识的普及两种渠道引导公众不断树立和提高低碳意识。

6.4.1 设立低碳示范社区，引导低碳生活方式

社区是城市的基本组成单位，是市民的物质和精神家园。低碳社区建设同样是低碳城市建设的基础。低碳示范社区建设强调社区基础设施的设计和建造生态化，社区居民绿色生活和消费观念的树立以及社区居民在社区规划和建设的广泛参与。

杭州市政府应积极开展设立低碳示范社区试点，可以借鉴诸如西安市等城市的经验和做法，提出"争做杭城低碳人"、"建设低碳家园，打造生态杭城"口号，选择 5～10 个在生态环境保护等方面具备良好工作基础的社区开展低碳示范社区试点，通过设立试点起到良好的示范效应。在低碳示范社区试点中，注重"三个低碳生态化"，即低碳生态化的社区基础设施、低碳生态化的社区物业管理、低碳生态化的社区居民生活。

（1）低碳生态化的社区基础设施。在低碳示范社区设施建设方面，注重社区住宅和楼盘因地制宜的生态设计。低碳示范社区主要建设低密度住宅应使用建筑节能材料，从根本上杜绝污染，并充分利用地温资源采暖；在低碳示范社区中开展"阳光屋顶"工程，在社区内建筑屋顶上安装太阳能薄膜，利用太阳能发电；重视雨水的循环再利用。在低碳示范社区不同区域规划设计若干雨水收集系统，建设地表沟渠引雨水排放进入不同区域水池，同时部分水池可以建成人工湿地，种植各种水生植物、养殖各种鱼类等，实现水系内较为完整的食物链；在社区内可以建设"太阳塔"等太阳能利用设施，利用"太阳塔"对太阳能蓄热，晚间通过光电转换发光，同时也可以成为低碳示范社区的闪亮地标。

（2）低碳生态化的社区物业管理。在低碳示范社区管理方面，提倡低碳物业管理。在社区物业管理中心中设立物品再生中心，负责社区废弃物分类回收和再生利用，监督制止社区居民的生活废水、废气和废弃物的违规排放，协助社区居民家庭财物保养和维修，闲置物品的回购和再出售。鼓励社区物业设立社区物资调剂日，每月一次。先在区内交换，其余可由社区物业组织进入城乡物资调剂网络。

（3）低碳生态化的社区居民生活。在社区居民生活和消费行为规范上，首先在每个低碳示范社区选择 100 户家庭，由相关高校和科研院所负责进行城市家庭碳排放跟踪调查，了解目前社区居民的排碳情况，宣

传并引导社区居民开展低碳生活。同时，低碳示范社区应提倡居民实施节能装修，设计上应该以自然通风、采光为原则，以减少使用风扇、空调及电灯的概率；引导采用节能的家庭照明方式和科学合理使用家用电器、自来水等能源；倡导居民汽车、家电消费"以旧换新"，同时消费本地产产品，减少商品在运输过程中的碳排放；鼓励社区居民安装和采用太阳能等新能源设施系统；鼓励居民将生活废弃物分类处理，便于回收再利用。

6.4.2 建设低碳科技馆，普及低碳教育

低碳城市建设，离不开公众的支持。但是目前公众对于低碳经济、低碳生活等新概念认知度较低，需要对公众进行相关知识的普及，让公众充分认识到"低碳"对于城市发展、自身生活质量提高的重要性。而建设低碳科技馆是普及公众低碳知识的最有效载体平台。通过在低碳科技馆展厅中展示、互动活动的开展让公众体验到"低碳"所带来的实惠，理解人类通过科技的发展来解决节能减碳问题，培养公众特别是儿童爱科学、爱家园、爱地球的精神和生态保护的意识。杭州市是全国旅游城市，在杭州市率先建设低碳科技馆，可以吸引更多的当地公众和外地游客到低碳科技馆参观，一方面有助于为杭州打造"低碳城市"、构筑"生活品质之城"建立良好外部氛围，另一方面，也是树立杭州市居民低碳生活理念的创新途径，杭州市低碳科技馆建设中需要注重以下三个方面。

(1)低碳科技馆的布展低碳化。

①低碳科技馆布展体现低碳经济提出的背景、低碳城市的理念和低碳消费行为。设立"碳的世界"和"低碳生活"等展厅，设计和组织多种可供参观者参与的低碳体验活动，如"零碳小屋"、"计算你的碳足迹"、"家居照明节能设计大赛"、"城市节能大比拼"等一系列内容，吸引公众特别是青少年了解低碳生活的兴趣。

②积极搭建低碳学术和成果交流的平台。努力打造"低碳科技普及中心"、"低碳建筑展示中心"、"低碳学术交流中心"和"低碳信息资料中心"。积极争取国家有关部委办局和全国相关大专院校、科研院所的支持，在低碳科技馆中开展学术活动，邀请相关专家进行科普讲座和学术报告，提供公众对低碳生活的认知。

③展示杭州低碳建设成就和低碳技术产品。通过宣传推广低碳技术和产品吸引国内外低碳技术研发实体相互学习、借鉴和交流，发展拥有自主知识产权的低碳技术，创造性地为未来市场作好低碳技术、产品及服务方面的准备。

总之，通过建设低碳科技馆，成为公众特别是青少年了解"低碳经济、低碳社会、低碳城市，低碳生活"的"第二课堂"，普及低碳教育，提高公众对于低碳生活的认知。

（2）低碳科技馆的建筑低碳化。尽可能使低碳科技馆建筑达到低碳科技馆温室气体零排放，低碳科技馆的外表可以采用太阳能光伏材料，入口门可以采用手动旋转门，通过太阳能发电供给整个场馆用电。科技馆可以采用能够积聚雨水的外体结构，通过雨水净化供给科技馆的水利用，科技馆使用后的污水也可以采用净化设施，进行循环利用。科技馆建筑材料也要尽可能使用低碳材料。

（3）低碳科技馆的运营管理低碳化。低碳科技馆的经营管理可以大量采用志愿者来进行运营管理，尽量减少碳排放。包括低碳科技馆的空调、照明等设备使用要体现低碳化，尽可能从节能减排角度去管理。

6.5 构建"五位一体"交通体系，促进低碳交通消费

改变城市交通发展模式，减少城市交通中的大量"碳源"，是打造"低碳城市"的重要内容。杭州市在城市发展、区域发展环境、城市对外交通、城市交通发展上都进入了一个全新的时期，在绿色交通体系的构建上已经取得一定的成就，如设立快速公交和快速干道、建造城市地铁系统等。但应认识到随着人民生活水平不断提高，杭州市私家车保有量不断增加，到 2011 年全市超过 80 万辆。这不但引发了城市交通堵塞等交通问题，而且由于大量机动车所带来的温室气体排放，导致大气环境污染以及碳源排放增多，造成杭州市内夏季室内温度居高不下，与杭州市打造低碳城市的目标背道而驰。重塑绿色交通发展模式主要从低碳城市交通体系构建和实现低碳交通消费两个方面进行。

6.5.1 构建低碳城市交通体系，实现"以人为本"

城市交通体系是城市社会经济活动的命脉，其发展水平直接关系到城市社会经济的发展速度、居民生活的质量高低、区域经济辐射的能力

强弱。在现代城市交通体系中，大量机动车的出现，使得"碳源"大量增加，更重要的是造成了城市交通大量堵塞的问题，这与"以人为本"的理念是违背的。传统"以车为主"的交通发展模式必须改变。实现低碳城市交通发展模式，推动使用自行车、小排量汽车等节能交通工具，减少城市交通中的大量"碳源"，是打造"低碳城市"的重要内容。杭州市已建成以高速公路为主骨架，结合其他主次干线，组成以城市方格道路网为基础、环路加发射线，功能明确、级配合理的生态城市道路网络。具体主要为"一环"、"三纵"、"五横"。构建低碳城市交通体系，则对现行交通体系提出了新的要求，主要包括以下四个方面的具体措施。

(1)完善以"世界自行车之都"为特色的"五位一体"绿色交通体系。建立符合低碳城市目标的交通发展模式必须将"绿色交通"理念贯穿始终。"绿色交通"强调的是城市交通的"绿色性"，即减轻交通拥挤，减少环境污染，促进社会公平，合理利用资源。杭州市目前已经形成以免费自行车为特色，包括步行交通、自行车交通、常规公共交通和轨道交通在内的"五位一体"绿色交通体系，但应进一步加以完善。首先，从交通工具上看，通过使用低污染公共交通工具，引导公众使用各种低污染车辆，如自行车、双能源汽车、电动汽车等新能源汽车等绿色交通工具；积极建设"世界自行车之都"，实现"免费自行车"与城市地铁、公交车、出租车、水上巴士等公共交通方式"零换乘"，转变原有依赖机动车的高排放交通体系，实现更高水平低碳出行方式；要加大公交投入，坚持公交优先发展战略，加快实现市域范围内特别是五县(市)与八城区公交一体化。用三年左右的时间强力推进城市公交和轨道交通建设，构筑以轨道交通为骨干、多种交通方式协调发展的城市交通体系。

(2)强化城市道路规划设计低碳化。城市道路建设应该从"以车为主"向"以人为本"原则转变。在杭州市城市干道和副干道增加或加宽人行道路和自行车专用道路，减少机动车道路的条数，限制机动车的数量。

设计并实施"节能道路"试点工程。改变路灯的电力来源。可用太阳能，LED 发电，还可以用地热供电，利用地底下含水层的热能，转变成电能供电，既可以制热也可以起到道路照明的能源。采用汽车碾压路面新型路面发电方式作为道路照明能源。杭州市可以借鉴厦门的节能道路建设经验，在市区周边高速公路上建立节能道路示范试点，将地面改造并埋下装置，利用汽车碾压就能发电，通过储存设备储存起来，供高速公路路灯等照明设备晚上用，不受刮风下雨影响。

（3）加强汽车尾气排放监督和治理。加速淘汰高耗能的老旧汽车，控制高耗油、高污染机动车发展，到 2020 年城市公交车尾气排放全部达到欧Ⅲ标准。鼓励使用节能环保型车辆和新能源汽车、电动汽车。积极推行公交车、出租车"油改气"工作。2012 年前，在主城区和卫星城规划建设 12～15 个压缩天然气站，燃气公交车、出租车拥有量达到车辆总数的 20% 以上，最大限度降低城市交通行业的 CO_2 排放。

（4）水上和陆路交通联网，构建"水上巴士—自行车"网。将杭州市水网改造，让水上巴士"提速"；增设水上巴士停靠站点，方便乘客出行；增设水上巴士游览路线；在河道两侧预留非机动车道引导行人、自行车通行，准许行人带自行车、电动车上船，畅通无阻换乘。让骑车人远离城市道路的喧嚣，远离汽车尾气的侵扰，省去交通堵塞的时间，符合杭州低碳出行的原则。

总之，建立免费自行车为特色的"五位一体"绿色交通体系，配以"以人为本"的道路规划建设，进一步控制高耗油、高污染机动车发展，实现低碳城市的交通体系，达到"以人为本，和谐社会"的最高目标。

6.5.2　引导低碳交通消费，实现低碳出行

低碳城市交通体系的前提和基础就是鼓励公众开展低碳交通消费。即在人们外出时，尽可能选择高效利用能源和交通资源、少排放污染物、有益健康的出行方式。杭州市在鼓励公众低碳交通消费中取得了不少成果，2010 年国庆前杭州完成"主城区再投放 5000 辆免费单车"的选点任务，预计增加了 200 个免费单车服务点。随着免费单车布点网络完善和车辆不断投入，2011 年累计租用量达到 6168.43 万辆次，日租用量最高达到 32 万辆次。杭州市已被列入全国 13 个新能源汽车推广示范城市，并明确规定外地机动车转入杭州行政区域内必须达到国Ⅲ标准。

杭州市围绕建设低碳城市的目标，仍应引导杭州市民从传统的以车代步的交通消费方式转变为"骑单车，拼私车，买小车"的低碳消费方式，实现低碳出行。

(1)"骑单车"。即鼓励市民在近距离出行中,积极使用免费自行车。这与杭州市建设"世界自行车之都"目标符合。市政府要积极推广免费自行车的使用范围,加大投放免费自行车的数量和服务点;加快"免费单车"服务点配套建设,"免费单车"服务点设计讲究美学和醒目为原则,应有专人值班,做到就近布点,通租通还和完善配送三项原则,探索利用"手机还车"等方式确保居民可以在任何服务点归还所借自行车;在条件成熟基础上,提供步行与自行车等非机动交通方式专用道。借鉴哥本哈根、日本等城市做法,根据公共交通车站、居住地、工作地、商店和商业中心不同,加强自行车路网和停车场规划,提高居民行车安全性,改善行车和停车环境。与国际自行车联盟有关委员会联系,邀请国际自行车联盟来杭州考察并给予建设"世界自行车之都"意见。

(2)"拼私车"。即如果出行地点相同,相近社区居民或朋友可以拼一辆私家车出行。一方面目前杭州市交通堵塞,上下班高峰期打的困难,而拼车则出行方便省时,另一方面"拼车"可以减少私家车出行数量,减少碳排放和交通堵塞。政府应尽早完善目前的拼车试点方案,鼓励同一社区、同一单位具有互信基础的居民之间自主组织"社区拼车"、"单位拼车";加强拼车管理,在公民信息保护基础上对拼车车辆进行公开备案并颁发"拼车证明";"无偿拼车"向"有偿拼车"转变,签定协议明确拼车双方的汽油费等方面利益分配;学习国外如美国、新加坡经验,在高速公路上常有专用车道供乘坐三人以上的汽车开行,高速公路、进城费收取中对于三名乘客以上私家车予以优惠。

(3)"买小车"。即市政府应鼓励市民购买小排量私家车。在私家车按揭贷款中降低购买小排量私家车的贷款利率;对于小排量汽车在相关道路收费、车辆管理费用中予以更大的优惠;为小排量汽车提供更多专属停车位等;要加快推广使用节能车辆,积极为油电混合动力车、LGP动力车、电动汽车等提供相关税费优惠和配套服务设施,并加速淘汰旧车辆,鼓励汽车"以旧换新"。

综上所述,转变传统"以机动车为主"的交通发展模式,重塑绿色交通发展模式,必须从两方面着手:第一,以"世界自行车之都"为载体,建设免费自行车为特色的"五位一体"绿色交通体系,配以低碳道路规划建设，控制高耗油、高污染机动车发展，实现"以人为本"的低碳交通体系；第二，以"骑单车，拼私车，买小车"为基本出行原则，实现低碳出行消费方式。

6.6 发展绿色建筑，推动和实现城市建筑低碳化

发展低碳建筑，是落实中国节能优先能源战略的必然选择。杭州市要实现低碳城市，促进城市节能减排，要从整体上考虑城市的节能减排工作；另一方面还要从微观入手，使每一栋建筑都成为低碳建筑。这样城市的可持续发展才可能落到实处。发展低碳建筑要从设计和运行推广两方面入手。

6.6.1 倡导"低碳化、可循环、再利用"理念，推动建筑设计低碳化

建筑施工和维持建筑物运行是城市能源消耗的大户，低碳城市的一个重要组成部分是低碳建筑。低碳建筑设计需要既能最大限度地节约资源、保护环境和减少污染，又能为人们提供健康、适用、高效的工作和生活空间。将低碳理念融入到建筑设计中，主要体现在以下三个方面。

（1）建筑节能与能源利用低碳化。充分利用太阳能、选用隔热保温的建筑材料、合理设计通风和采光系统、选用节能型取暖和制冷系统。如选用效率高的用能设备（高效节能电梯等）。集中采暖系统热水循环水泵的耗电输热比，集中空调系统风机单位风量耗功率和冷热水输送能效比等指标符合相关规范的规定；利用场地自然条件，合理设计建筑体形、朝向、楼距和窗墙面积比，采取有效的遮阳措施，充分利用自然通风和天然采光。如大面积的采用玻璃元素，既增加了建筑的室内自然采光，节约能源，又增加建筑本身的通透灵动感，坐收室外绿化景观；设置集中采暖和（或）集中空调系统的住宅，采用能量回收系统（装置）。

（2）建筑节水和水资源利用可循环。在方案、规划阶段制定水系统规划方案，统筹考虑传统与非传统水源的利用；设置完善的排水系统，采用建筑自身优质杂排水，杂排水作为再生水源的，实施分质排水；合理规划地表与屋面雨水径流途径，降低地表径流，采用多种渗透措施增加雨水渗透量；绿化灌溉采取微灌、渗灌、低压管灌等节水高效灌溉方式。

（3）节材与材料资源再利用。将建筑施工、旧建筑拆除和场地清理

时产生的固体废弃物中可循环利用、可再生利用的建筑材料分离回收和再利用；可以在建筑墙面选择素混凝土，节省了一次性瓷砖贴面、花岗岩大理石和粉刷层，避免了开采石材时对大自然造成的人为破坏；使用耐久性好的建筑材料，如高强度钢、高性能混凝土、高性能混凝土外加剂等。

6.6.2 通过"政策、投入、示范"途径，实现城市建筑低碳化

为了实现城市建筑低碳化，政府需要出台相关政策和投入，同时建立低碳建筑示范点，积极推动低碳建筑的应用和推广。

(1)出台低碳建筑激励政策，鼓励建造和装修低碳民宅。根据杭州市实际情况，出台绿色建筑的激励政策。对于符合低碳建筑要求的项目，市政府在资金、审批等方面要给予优先考虑。鼓励居民采用环保技术建造或装修房屋，对于采用太阳能电池板、高效节能厨房系统、洗澡水循环处理装置和无污染涂料的新型住宅享受减免印花税等优惠政策。

(2)加大低碳建筑的科研创新投入。杭州市在低碳建筑的科学研究和技术推广方面已经有了一些成果，但与发达国家和地区相比，仍然存在着较大的差距，低碳建筑方面的科技创新能力不够强。因此，杭州市应加大对绿色建筑科研开发的投入，在各类科研基金中设绿色建筑专项，并选择代表性绿色建筑科研成果进行示范，包括建筑技术、设计技术和绿色建筑材料合成技术等，尽快实现绿色建筑的发展战略。

(3)建立低碳建筑示范点。利用示范点辐射效应，积极推动低碳建筑新技术的应用与推广。如，推广杭州绿色科技馆、低碳科技馆和钱江科技城中的低碳建筑示范；在低碳示范社区推广太阳能集中供热、地源热泵、节能灯、供排水节能等技术和产品；在公共建筑实施中央空调系统节能技术、供排水节能、节能锅炉等措施；继续扩大可再生能源建筑应用示范规模，以太阳能热水系统城市级示范、太阳能光伏屋顶及幕墙，积极引导可再生能源建筑应用向更高水平发展。

(4)建立低碳建筑地方评估指标体系。为了今后给低碳建筑行业在设计、施工、管理、建材性能及维护过程提供明确规范要求，引导建筑向节能、环保、可持续发展的方向推进，必须建立符合杭州市实际的低碳建筑地方评估指标体系。目前世界许多国家已有绿色建筑的评估体系可供借鉴。如，德国、法国、荷兰、美国、加拿大、澳大利亚、日本的

研究机构推出了不同类型的绿色建筑评估体系，其中比较有代表性的是美国绿色建筑协会制定的"节能与环保设计先锋"绿色建筑评估体系。因此，可以结合杭州实际，建立起符合杭州低碳建筑需要的评估体系和技术规范。

案例篇

7 低碳生产模式案例研究

7.1 选择依据及案例企业概况

7.1.1 选择依据

打造低碳城市的核心是在城市发展低碳经济，而低碳生产是发展低碳经济的客观要求。对于企业而言，低碳生产的核心在于运用先进的节能环保技术。杭州市经济发展已经走在全国前列，目前已经形成了以现代服务业为主导的"三二一"产业结构。因此，本研究在选择案例企业时，主要考虑以下 3 个因素：①案例企业所处的产业类型；②案例企业所采用的低碳生产技术的多样性；③案例企业的规模，应尽可能选择规模不同的企业来代表杭州市整体的低碳发展模式。不同产业、不同规模、不同技术的企业能够代表杭州市打造低碳城市中典型的低碳生产模式。根据上述选择依据，笔者选择 5 个不同类型的企业，它们位于杭州市区或周边县市，案例企业既有城市和农业废弃物利用相关的企业，也有新能源、新材料生产的企业。企业规模从几千万到数十亿不等，采用这些企业来研究杭州市低碳生产模式具有典型性，案例企业的概况如表 7.1 所示。

表 7.1　案例企业所处行业及典型低碳生产技术

案例企业名称	所处的行业或产业	典型低碳生产技术
A 型企业	电动汽车	锂电池技术
B 型企业	新能源、废热发电	低温余热发电技术、双烟道余热烟气回收技术、烧结环冷机的密封技术
C 型企业	农作物废弃物利用、基建材料	有机堆肥和人工土壤介（质）技术
D 型企业	城市污水处理	污泥焚烧发电技术
E 型企业	太阳能光伏	太阳能光伏电池生产及检测技术

7.1.2 案例企业概况

（1）A 型企业。A 型企业成立于 2002 年，是某集团全资子公司，该集团自 1999 年就开始研发以锂电池为动力的电动汽车，A 型企业成立后一直致力于掌握清洁能源技术，发展节能环保汽车。2002 年企业的注册资本为 3.5 亿，现有资产 4.5 亿。企业拥有 720 位员工，大学以上的学历占有 37.5%。公司所设 9 个部门，主要有管理部、财务部、发展部、采购部、整车项目部、电池制造总部、技术中心等。

(2)B 型企业。B 型企业成立于 2005 年 11 月，是由 3 家单位共同出资组建的高新技术企业，注册资本 5000 万元，到 2009 年资产总额达 1.46 亿元。公司现有员工 198 人，工程技术人员 149 人；其中教授级高工 7 人，中高级职称 71 人。内设有设计、工程、采购、计划控制、市场、财务、人事行政、质量技术研发部等 8 个部门。该公司拥有电力行业设计乙级设计资质、浙江省环境污染防治工程专项设计认可证书和 GB/T19001 - 2000、GB/T24001 - 2004、GB/T、GB/T28001 - 2001 管理体系认证证书。公司现拥有烟气余热利用的方法及其装置等 6 项发明专利。主要从事以设计研发为龙头的工程总承包业务，钢铁、水泥、玻璃、石化等行业余热电站技术咨询、余热发电热力系统及装备技术研究开发、工程设计为龙头的工程总承包业务，同时开展清洁、节能及其他可再生能源新技术、装备研究开发工作，是一家服务性企业。主要业务范围涵盖国内外余热发电、生物质发电、热电项目、蒸汽燃气联合循环、垃圾发电、煤矸石综合利用发电等领域。

(3)C 型企业。C 型企业为拥有 4 家公司的产业集团，分别于 2001 年(1 家)、2003 年(2 家)和 2008 年(1 家)注册成立，这 4 家公司在财务上实行独立核算。

2001 年注册成立的 C - a 公司，注册资本 50 万元。公司现有固定员工 11 人，临时员工 40 人左右，主要为生产性员工。其主营产品和业务有：土壤改良材料、有机堆肥、无土栽培介(基)质、家用园艺产品等；无土栽培基质；家庭园艺产品；有机肥料；泥炭；蛭石；珍珠岩；屋顶绿化材料；大树移植材料；生态修复材；育苗基质；底石(浮石)；兰花培养土；庭院盆栽双效培养土；观叶植物培养土；多肉类植物培养土；君子兰培养土；发酵鸡肥等。该公司是栽培基质的生产型企业，是中国最早开始专业化、规模化生产人工土壤材料和土壤改良材料的企业之一。主要客户包括：大型超市、家庭园艺爱好者、淘宝店主、园艺经营户，主要市场在中国大陆。

2003 年注册成立的 C－b 公司，注册资本 50 万元，公司现有资本超过 200 万元。公司现有董事 2 人，总经理 1 人，员工 6 人，财务 2 人。该公司是杭州地区唯一一家经国家认证，具有肥料生产许可证的公司。公司年营业额为人民币 700 万元 ~ 1000 万元。主营产品和业务包括：有机土壤改良剂，有机堆肥，园艺介质，园艺基质，生物发酵菌，有机废弃物处理技术，牛粪堆肥。

（4）D 型企业。D 型企业成立于 2006 年，该公司依托于某城市综合污水处理工程，依据日处理 74 万吨污水综合整治规划投资建设，工程总投资 24656 万元，日处理污水 15 万吨，承担处理周边 48 家造纸企业和 10000 户居民的生活和工业污水。工程采用"特许经营、保本微利"的原则，实行"独立核算、自负盈亏、自行偿还"的市场化方式运作。2007 ~ 2009 年共处理水 15591 万吨，有效处理了企业截污纳管范围内的工业废水和生活污水，大大降低了污染物的排放总量，改善了富春江水质，为杭州市区居民生活饮用水水源安全达标，促进富阳市造纸行业的可持续发展和完成国家节能减排任务发挥了重要作用。同时，该企业还自主研发了污泥焚烧工程，不仅实现了污泥综合利用，还避免了原来用填埋方式处理污泥所造成的土地资源浪费和二次污染问题。

（5）E 型企业。是某集团下的一家全资子公司，致力于创造高品质的太阳能光伏产品和服务，力争成为客户信赖、社会尊重、具有国际影响力的中国太阳能光伏领域的领先品牌。公司成立于 2006 年，专业从事太阳能光伏电池、组件和系统的研发、制造、销售和服务等一体化业务。公司占地面积 100000 平方米，建筑面积 50000 平方米，全面建设完成后将形成 300MW 太阳能电池和组件的生产规模。

7.2 新能源发展项目：电动汽车

7.2.1 项目概况

2009 年 1 月，科技部和财政部共同启动"十城千辆"电动汽车示范应用工程，同年 3 月 20 日，国家公布了《汽车产业调整和振兴规划》。规划提出，国家要改造现有生产能力，形成 50 万辆纯电动、充电式混合动力和普通型混合动力等新能源汽车产能，新能源汽车销量占乘用车销售总量的 5% 左右。A 型企业作为在清洁能源技术方面具有先发优势的重要行业企业，成为"十城千辆"电动汽车项目的试点企业。

7.2.2 项目成效

（1）电动汽车开发类型多样化。公司多年来共承担国家"863"计划课题 5 项，承担省重大产品科技攻关项目 4 项，累计申报电动汽车类专利 70 多项，部分项目成果已经成功实现产业化。目前公司已成功开发了电动轿车、电动公交车、双能源电车、电动电力服务车、电动电力工程车等车型，装备自主开发的聚合物锂离子动力电池和动力系统的纯电动公交车在杭州西湖 Y9 公交线路已经运行 7 年，产品的可靠性得到了长期商业运营的实践检验。A 型企业电动汽车 2004 年在代表国际电动汽车最高水平的第六届必比登国际清洁汽车大赛上，荣获必比登挑战赛竞赛大奖和国际汽车协会机构认可的 4 个单项金奖。2007 年再次在第九届必比登国际清洁汽车大赛上获得 1 个企业奖、2 个综合奖、20 个单项奖，在社会上取得了良好的影响。

（2）新能源研发技术不断取得突破。目前公司按照"电池－电机－电控－电动汽车"的发展战略，公司在大功率、高能量聚合物锂离子动力电池、一体化电机及其驱动控制系统、整车电子控制系统、汽车工程集成技术以及试验试制平台等方面取得了显著的成果。该公司在动力电池产业化、汽车底盘系统设计/CAE 分析、概念设计/造型/车身结构设计、概念样车的设计开发和试制试验、电传动的动力系统总成设计与小批量产业化等方面具备技术研发和运营能力，是目前国内唯一同时具备电池、电机、电控等电动汽车关键零部件和动力总成系统产业能力的单位，在行业内具备领先地位。

1999 年，A 型企业开始研发以锂电池为动力的电动汽车，2010 年 4 月 25 日纯电动汽车锂电池生产基地奠基。2005 年在游 9 线客车上配置该电动电池运营使用，运营到目前已有 7 年。2009 年销售收入 4000 万元。公司动力电池实现规模化生产，整车制造以改装客车为突破口，实现样车研制并进行示范运行。公司也与国家电网合作，改造市电力公司工程车，使其变为电动工程车，目前已行驶 90 万千米。公司的销售模式为"订单式"，正准备在当地改造 100 辆电动大巴车，并且建设充电桩。公司电动汽车整车研制和关键零部件开发更多情况是作为科技攻关项目被国家、省、市立项。目前公司承担了十一五"863"计划节能与新能源汽车重大项目"纯电动乘用车动力系统平台技术研究与开发"课题，成为了"三纵三横"国家研发布局中"纯电动汽车"课题群的牵头单位，标志着 A 型企业电动汽车在行业内的地位取得了质的飞跃。

7.2.3　主要问题

加快电动汽车产业的发展以及市场化运营，不仅需要成熟的技术、更长的续航里程、敏锐的加速性，更需要充电桩布设、电池的后期处理等一系列庞大的系统来支持电动汽车的日常使用，尤其是遍布城市各个角落的充电桩是电动车能否尽快投入市场的关键所在。电动汽车具有节能环保、降低油耗等优点，不过成本高、基础设施不完善、相关标准不统一、核心技术空心化等一连串难题面前，电动汽车产业的发展还必须克服重重障碍。目前 A 型企业虽然取得了一定的发展与成就，但同时也面临了诸多的问题和困难。

（1）锂电池使用寿命短而更换成本高。目前锂电池使用寿命为 3 年 10 万千米，寿命结束后需要重新更换模块才能使用。当前国内多数锂电池生产厂家提出免费质保期限只有一年，2008 奥运会唯一指定的锂电池供应商中信国安的锂电池，免费质保期限也只有两年。如前所述，即使是一辆性能相当普通的电动车，电池成本也要数万 RMB，如果一年或者两年后消费者要自费更换电池，其费用将是十分巨大。

（2）基础设施不完善。对于无车库的城市车主，在家充电并不方便，即使可以用家用 220 伏电压充电，安全上也存在一定隐患。为根本解决这一问题，唯一的方法是在小区、停车场建充电站，类似网络的普及不可能在短期内实现。

（3）关键零部件的核心器件仍依赖进口。EV 的关键元器件，如动力电池用隔膜、大功率驱动电机用功率原件（IGBT 等）全部仍需从国外进口，成本分别占电池和电机成本的 30% ~ 40%，不仅制约产品水平提高，也影响电机、电池成本的降低。我国所需的电解液主要原材料之一六氟磷酸钾基本都从日本采购，国内实现产业化生产的目前只有天津金牛和张家港森田化工可以生产。这些技术自给能力的匮乏对电动汽车产业无论是成本控制，还是产品开发和生产周期都造成影响。

（4）电动汽车的政策支持不完善。目前欧美、日本等发达国家已经建立了较为完善的电动汽车产业化支持政策，从税收、财政补贴等对电动汽车生产企业和用户给予激励，我国的鼓励政策主要处于研发与示范运行环节。国家对于电动汽车整车行业有生产补贴，但对于像 A 型企业公司这样的只生产电池的非整车企业却没有补贴。政策支持的不完善也使得一些国内电动车生产企业迟迟没有进入规模化生产，这也影响了整体电动汽车产业技术的发展和成本的降低。

　　(5)产业支撑体系建设滞后。目前，我国电动汽车的研发体系已基本建立，但产业发展的体系性支撑较弱，适应未来产业发展需要的标准体系、检验检测体系及产业配套体系还未建立。在标准方面，目前我国仅有相关标准 30 余项，例如锂电池等技术标准还没有建立，这远远无法满足体系建设的需要。究其原因主要是专利质量不高，专有技术专利和技术原型专利少，没有形成围绕整车产品的专利布局。

7.2.4　发展前景

　　(1)环境污染和减排压力促使新能源汽车产业不断发展。纯电动汽车和燃料电池电动汽车在本质上是一种零排放汽车，一般无直接排放污染物。间接污染物主要产生于非可再生能源的发电与氢气制取过程。其污染物可以采取集中治理的方法加以控制。混合动力电动汽车在纯电动行驶模式下同样具有零排放的效果，同时由于减少了燃油消耗，二氧化碳排放可降低 30% 以上。另外，电动汽车比同类燃油车辆噪声也低 5 分贝以上。大规模推广电动汽车将大幅度降低城市噪音的危害。据测算，传统燃油的平均能量利用率仅为 14% 左右，采用混合动力技术后，能量利用率可以提高 30% 以上。纯电动汽车可以利用电网夜间波谷充电，提高电网的综合效率。

　　(2)能源稀缺促使传统汽车产业不断升级。随着汽油价格的调整和技术的进步，新能源汽车的发展可以大幅降低对国外石油的依赖。从能源状况来看，相对于高达 50% 的石油对外依存度，我国电力供应充足，电力装机容量接近 8 亿千瓦，可供 4000 万～5000 万辆电动汽车充电，这一数字还将不断增加。同时电力来源广泛，可以充分利用多种可再生能源及清洁能源，其中风电、核电等清洁能源所占的比例也将越来越大。电力能源还具有转化效率高、排放较集中、方便运输、终端分布广泛等优势，足以支持汽车社会的快速发展。这些条件为我国新能源电动车的发展提供了充足的能源保障。

（3）政府政策扶持推动新能源产业发展。国家高度重视交通领域的节能减排和交通能源的可持续发展，通过《国家中长期科学和技术发展规划纲要（2006～2020年）》、《汽车产业发展政策》、《节能减排综合性工作方案》、《新能源汽车生产准入管理规则》等政策以及国家重大科技经济计划项目引导，初步构筑了我国能源汽车多元化发展战略。为确保国家节能减排战略的顺利实施，提出了"着力突破新能源汽车技术"的重要部署。国家的相关政策为中国汽车工业朝向资源节约型的长期可持续发展提供了有力的保障，同时也为我国汽车行业在全球汽车产业受阻的情况下加速发展，形成后发优势提供了重要支撑。

（4）消费者低碳消费意愿的增强。自从"低碳"作为一种生活理念进入人们生活以来，便不只是一个"时尚词汇"，而是日渐渗透到人们的日常生活中，逐渐引导消费者的消费意识发生转变。理性、节约、健康已成为时下低碳一族的消费宗旨，"只买对的不选贵的"则是他们的消费观。2010年，"节能减排"、"低碳生活"、"绿色环保"等词语不断地出现在生活的每个角落，从出行、购物、饮食、生活等方面，处处体现了人们对于环保节能意识的日益提高，这将极大地促进新能源汽车市场的形成。

7.3 能源利用效率的提升和推广项目：余热锅炉发电

这里以B型企业和另一企业联合承接的X烧结余热发电工程总承包项目（简称X项目，下同）为例进行说明。

7.3.1 项目概况

X项目是由B型企业和另一企业联合承接，B型企业负责EPC总承包建设，规模为$360m^2 + 400m^2$烧结环冷机余热发电工程，电厂规模为2台双压余热锅炉和一台补气汽轮机，25MW汽轮发电机组一套。项目总投资1.3亿元。该项目已于2008年9月底投运。目前X项目已被列为国家2008年重大支柱产业科技攻关项目，发改委已经下拨500万元科技经费。同时，该项目曾获杭州市科技局科技项目资金补助，现研发项目完成成果鉴定，正在申报市及省科技成果奖过程。另外，X项目已经在联合国成功注册为CDM项目。

7.3.2 项目成效

X 项目是目前国内烧结环冷机余热发电效率和吨矿发电量最高的项目，处于世界先进水平。项目建成投产后，用户每年度运行的经济效益显著，用户年新增销售收入 8064 万元，新增利润 3957 万元，新增利税 1487 万元。估算项目投资回收期为 3.3 年。该电站每年可节约标煤量 5.472 万吨（按 380g/KWh 计算，8000h），年减排烟尘 795t（烧结料粉，可回收利用），年减排 SO_2 量 770t。同时，该项目也将取得较好的社会效益，该技术已在 8 家钢铁企业投产，另有 6 项在建，若全国炼铁工艺采用该项余热回收技术，则可节约标准煤至少 500 万吨/年，减排 CO_2 约 1050 万吨/年，SO_2 约 26 万吨/年，可见该项目对于保护资源和环境有着重大的社会意义。

该项目实施中仍存在一些问题，主要表现在市场竞争激烈和工程造价非理性低价竞标，影响工程质量和性能等方面。

7.3.3 发展前景

X 项目采用了以下核心技术：①自主研发了双烟道余热烟气回收技术，提高了过热蒸汽的温度，实现了余热的梯级利用；②自主研发了适用于余热回收的双压进气法，使中压和低压两种不同的过热蒸汽从不同入口进入补汽式汽轮机，提高了热力系统的循环效率；③采用烟气全循方式，进一步利用余热烟气，提高整个热力系统的效率；④自主研发烧结环冷机的密封技术。

其中本项目拥有独享专利技术 5 项。采用本项技术实现的烧结环冷机烟气余热发电量指标水平，在国内领先，发电经济效益较大幅度提高，具有明显的市场竞争优势。另外 X 项目已经成功注册为 CDM 项目，项目实际的减排额度可以进行交易，这将为项目带来新的收益来源。

7.4 废弃物综合利用项目：农业废弃物综合利用项目

农业废弃物综合利用项目是 C 型企业中 C-a 和 C-b 两家公司联合开展的重大项目。

7.4.1 项目概况

C-a 和 C-b 两家公司开展的农业废弃物综合利用项目，是公司成立以来一直在开展的项目，产生了较大的社会效益：一方面可以解决农业废弃物对环境的污染；另一方面还实现了变废为宝，为农业，特别是花卉等产业的无土栽培提供了有机介质。公司开展农作物废弃物的处理和利用，生产有机堆肥和人工土壤，人造土壤最近开始投产生产。其中农业废弃物主要来自某牧业公司 1000 头奶牛产生的粪便，每天每头奶牛产生约 30 到 35 公斤的粪便，日处理农业废弃物能力达 32 吨；生产人工土壤利用的其余材料包括从东北、丹麦进口的湿地泥炭等原材料，以及木屑、山核桃外壳，经过配方（碳氮比为 40∶1）和发酵，产生最终产品。

公司在开展此项目过程中得到了政府一定程度的支持，如 2008 年后政府对企业实行免税政策。各级政府和高校对公司技术上的支持主要是通过公司向这些机构提出需要攻关的难题，高校和科研机构组织专家与公司合作攻关，费用由公司承担的方式。目前，公司承担了国家农业部和省农业厅的课题，与国内外的众多科研机构都有多学科的合作。

7.4.2　项目成效

调查显示，该公司在废弃物的处理和利用、生产有机堆肥和人工土壤的过程中不仅没有污染产生，并且还能有效的降低奶牛粪便、山核桃废壳等农业废弃物的污染，在减少碳排放方面作出了重要贡献。公司建立前（2003 年），因为当地的畜牧业而产生的废弃物导致满街都是臭味，公司建立后，当地就没有了相关废弃物。

另外，农业废弃物综合利用项目转化产生的有机堆肥做泥炭的替代品，对进口原材料的依赖大大降低。公司生产的有机土壤，为当地花卉产业的发展提供了有效的土壤供给，也为解决未来土地面积不足的问题提供了可借鉴的解决方法。

7.4.3　主要问题

目前国内开展农业废弃物综合利用项目特别是有机堆肥项目的企业步履维艰，主要原因是初期投入的基础设施、原材料等成本较高，人们对产品的认识不够，收益难以短期回收，具有较大风险性。而由于成本高致使企业只能采取缩小规模的办法来控制成本，导致产能不足。因此，急需政府政策的支持。但中国当前的实际情况是，将有机堆肥排除于有机肥范畴之外，农业部、浙江省农业厅等主管部门都只对有机肥项目有优惠扶持政策和具体实施方案，故有机堆肥项目享受不到政策扶持，而国外发达国家大多将有机堆肥纳入到有机肥范畴。政府部门对农业废弃物综合利用项目特别是有机堆肥项目的重要性认知有待加强，政策引导和支持力度有待提高。

7.4.4 发展前景

公司进行有机堆肥和人工土壤生产的技术来自于两个方面，一是引进法国技术，二是公司自身和相关研究机构联合研发的。在有机堆肥的生产上，公司采用的技术是全国领先的。公司现有专利技术7项。公司开发的人造土壤，目前在荒漠化的沙滩、盐碱地等不适宜作物种植的地方都可以应用，在规模化的水稻插秧等方面也都可以应用。因此，产业未来的发展前景很好。现在中国的土壤平均有机质含量为0.2%到0.5%（茶园），但日本的含量达到9%~11%，因此提高土壤中的有机质含量潜力很大。市场上出售的人造土壤价格是每袋20元。用于西兰花的培育上，单株成本是0.02元，由此带来的西兰花培育成本和传统相比每公顷减少1500元，另一方面增效可达每公顷4500元。因此，只要政府强化政策引导，产业的发展前景看好。

7.5 废弃物综合利用项目：污泥焚烧发电资源综合利用项目

政府为了有效解决造纸行业带来环境问题，在造纸工业园区集中规划建设了五个污水处理厂（共74万吨/日造纸污水处理能力），日产污泥4000-5000吨，先前的污泥处置主要采用填埋方式，每年要花数十公顷土地，不但浪费有限的土地资源，而且容易造成二次污染。

7.5.1 项目概况

D集团为了解决污泥的处置问题，针对污水处理厂污泥的特性和焚烧发电的技术需求，与高等院校热能工程研究所合作，经过五年多的开发，研制出了具有自主知识产权、高效节能的以化学配方为核心技术的污泥脱水干化的关键设备及焚烧处理技术。投资25464万元建设了污泥资源化利用工程，日处理污泥1500吨。污泥经半干化处理，通过循环流化床污泥焚烧锅炉进行焚烧，并配备24MW汽轮发电机组，进行余热利用，实行供气和发电，每年可对外供热（蒸汽）100万吨，给国家电网供电1.8亿千瓦时，节约原煤近2万吨。通过污泥焚烧综合利用工程的建设，从根本上实现污泥的减量化、无害化、资源化利用。

7.5.2 项目成效

在项目投产后，预计年上网电量将达到 13300 万 KWh。同时项目还将利用余热生产蒸汽，通过管道输送给周围造纸企业，取代当地造纸企业普遍使用的燃煤小锅炉，项目年供热量为 230.3×10^4GJ。先前造纸污泥被排放到附近的梅山填埋场。在该填埋场内没有填埋气收集系统，甲烷气体直接排放到大气中，导致严重的温室气体污染。而通过该项目的实施，在 7 年计入期内实现的平均减排量预计为 317823tCO$_2$e。

7.5.3 发展前景

项目活动将同时为当地经济社会的可持续发展做出贡献。①改善当地环境。项目将防止废物腐烂时不可控制的甲烷排放。在没有项目活动时，废物被闲置在填埋场至腐烂，结果是不可控制的包含潜在温室气体与潜在又为易燃填埋气的甲烷的排放。②可减少化石燃料的使用，利用污泥作为能量产生的主要燃料，该项目活动减少国家对化石燃料的依赖。③华东电网主要由化石燃料火电厂发电，该项目通过减少二氧化碳排放来实现温室气体减排。④提供就业机会。在项目建设期会雇佣大量的地方员工，在项目建成后也将招聘一定数量的员工，为当地提供了众多的工作岗位和就业机会。

7.6 新能源发展项目：太阳能项目

E 型企业是某集团下的一家全资子公司，致力于创造高品质的太阳能光伏产品和服务，力争成为客户信赖、社会尊重、具有国际影响力的中国太阳能光伏领域的领先品牌。公司成立于 2006 年，专业从事太阳能光伏电池、组件和系统的研发、制造、销售和服务等一体化业务。公司占地面积 100000 平方米，建筑面积 50000 平方米，全面建设完成后将形成 300MW 太阳能电池和组件的生产规模。

7.6.1 项目概况

国家持续稳定的政策支持是光伏产业向前发展最有力的保障。2009年 3 月财政部、住房和城乡建设部出台了《关于加快推进太阳能光电建筑应用的实施意见》，决定有条件地对部分光伏项目进行每瓦 20 元的补贴。2009 年 7 月 21 日财政部、科技部、国家能源局联合宣布在我国正式启动金太阳示范工程，决定综合采取财政补助、科技支持和市场拉动方式，加快国内光伏发电的产业化和规模化发展，并计划在两三年内，采取财政补助方式支持不低于 500 兆瓦的光伏发电示范项目，一般多以投资额的 40% ~50% 予以补贴。

7.6.2 项目成效

公司拥有从日本、德国等国引进的成套全自动太阳能电池组件生产线和检测设备，采用高标准的洁净生产方式为客户提供高品质的太阳能光伏组件产品，并且通过了 ISO9001、TUV 和 UL 认证，产品广销欧美等国家和地区，创造了客户零投诉率的记录。

7.6.3 主要问题

（1）国家战略层面缺乏系统完备的"顶层设计"。我国出台的《国民经济和社会发展"十一五"规划纲要》、《可再生能源中长期发展规划》、《可再生能源发展"十一五"规划》等均涉及太阳能光伏产业发展，明确了未来发展的长远目标。但是，从当前我国光伏产业发展现状、总体趋势看，《可再生能源中长期发展规划》中，2010 年的光伏装机容量 300MW、2020 年的 1.8GW、2030 年的 10GW 以及 2050 年的 100GW 等发展目标设定明显偏低，相比当前世界光伏产业发展势头显得滞后。在涉及制约产业发展的核心技术、装备等方面，所需攻克的关键技术、突破方向、发展路径等尚未提出明确目标；在涉及光伏并网发电问题方面，并网及运行管理行业标准、并网价格以及系统维护等缺乏相对完整、系统的管理办法和政策细则。

（2）产业链构建畸形，高纯多晶硅材料成为产业发展瓶颈。从全球太阳能光伏产业发展整体视角看，产业上中下游构成一个典型的"金字塔"模型，即产业上游企业数量相对较少，产业中游企业数量比上游多，产业下游企业数目最多。为此，相对完整、合理的产业链结构，有利于太阳能光伏产业的发展与壮大，但是，当前全球光伏产业链的结构已经发生了明显变化。2008 年，全球光伏产业受金融危机影响，多晶硅现货价格一路滑落，使未来我国相关企业面临严峻挑战。同时，在高纯多晶硅制备方面，我国与美、日以及德、意、挪威等欧盟技术领先国家存在较大差距，是制约我国太阳能光伏产业发展的瓶颈。

（3）自主知识产权缺乏，核心技术和设备有待突破。多晶硅制备，是一项相对复杂的高技术，涉及化工、电子、电气、机械和环保等多个学科。当前，太阳能级多晶硅技术主要包括物理法和化学法。目前，最常用方法是"改良西门子法"，占全球太阳能级多晶硅产量的76%以上，但是，"改良西门子法"对原材料、技术要求很高。与国外技术领先国家相比，我国国内多晶硅厂商主要采用引进"改良西门子法"，整体的制备工艺、关键核心设备仍依赖引进。

（4）行业标准体系尚未建立，缺少应对竞争手段。当前，全球太阳能光伏产业中，国际通用的光伏模组检验标准分别为美国的 UL 标准以及欧盟的 IEC 标准。由于不同国家、地区标准不同，使光伏生产商在产品准入、监测等方面的成本、关税大大增加。我国光伏产业没有统一的国家行业标准和检测机构，造成市场不规范，企业间不正当竞争频出，市场相对混乱；同时，国外光伏产品进入我国市场，不需要进行任何机构的监测，关税也几乎为"零"。反之，我国光伏产品进入欧美市场，却要经过严格的监测，并取得认证资格，导致我国光伏产品在国际上的竞争力明显降低，与技术领先国家竞争手段匮乏。

7.6.4 发展前景

（1）新能源替代势在必行。随着全球经济的快速发展，煤炭、石油等不可再生能源供应日趋紧张，开发使用新能源已成当务之急。太阳能作为一种丰富、洁净和可再生的新能源，它的开发利用对缓解能源危机、保护生态环境和保证经济的可持续发展意义重大。加快发展我国太阳能光伏产业，是做大经济总量，调优产业结构，推进经济转型，提升国家整体竞争力的必然选择。发展光伏产业的同时促进相关技术的发展更新与积累，为以后的可持续发展打下坚实的基础。

（2）政府扶持力度加大。步入21世纪，我国相继实施包括"光明工程"、"西部新能源行动"等促进光伏发展的电力和科技扶贫项目，国家发改委启动"送电到乡"项目以及荷兰、美国、德国、法国和日本等国实施的光伏发电双边援助计划，极大地加速了我国光伏产业的发展，推动了我国光伏成本的进一步降低。"十一五"以来，太阳能光伏产业进入快速发展期，《国家中长期科学和技术发展规划纲要(2006~2020)》、《国家"十一五"科学技术发展规划》、《可再生能源"十一五"规划》中均部署了与发展太阳能光伏发电技术相关的重点及重大示范工程项目。截至 2008 年底，我国太阳能光伏电池的年产量达到 1781MW，跃居全球首位，我国太阳能光伏产业的发展实现了新的历史性飞跃。

7.7 启示与借鉴

通过对上述杭州市典型企业的低碳生产模式进行案例研究，可以总结出这些企业低碳生产模式的主要特点（表 7.2）。

表 7.2 案例企业低碳生产模式的特点

案例企业	低碳生产模式特点
A 型企业	新能源产业 + 自主创新 + 产业联合
B 型企业	新能源产业 + 自主创新
C 型企业	农业(村)废弃物利用 + 联合创新
D 型企业	城市污水综合处理 + 联合创新
E 型企业	新能源产业 + 自主创新 + 产业集群

上述典型企业的低碳生产模式对于杭州市打造低碳城市过程中有着重要的借鉴意义。

7.7.1 立足新能源产业，加大政策扶持力度

杭州市在打造低碳城市中，要鼓励企业大力发展新能源及废弃物综合利用产业。这些产业不但科技含量高、附加值大，还极大地改善了当地的经济和生态环境，减少了碳排放。

案例企业中 A 型企业致力于电动汽车的研发和制造；B 型企业立足于新能源领域，致力于高效节能技术、大气污染控制技术、资源与环境技术的推广与应用和电力及新能源领域的开发；C 型企业选择的农业废弃物综合利用项目，地点选择在浙江省临安市，原材料有：新鲜牛粪、锯木屑、山核桃壳、碳化稻壳等，其中新鲜牛粪和锯木屑来自附近的正兴牧业养牛场和锯木厂，山核桃外壳来自临安的山核桃产区，碳化稻壳来自 C - a 型企业。这些原材料在项目实施之前是废弃物，很少引起当地的重视，对当地的生态环境带来了很大的污染和破坏。C 型企业材料来源遵循就近原则，一方面实现了当地农业废弃物的回收利用，改善了当地的生态环境，另一方面，减少了原材料的交通运输，降低了由此引起的额外的碳排放，达到了节能减排的效果。D 型企业实施的是城市综

合污水处理项目，项目建设的目的在于有效解决造纸行业带来的环境问题，同时该企业还开展了污泥焚烧发电资源综合利用项目，变废为宝；E 型企业专门从事太阳能光伏电池、组件和系统的研发、制造、销售和服务业务。这些企业大都处于新能源和再生资源利用领域，符合国家的产业发展政策，是未来政府鼓励优先发展的领域。同时，案例企业所拥有的核心技术都是高新技术，企业投入资金大，需要政府在政策、金融、税收等方面给予扶持。2009 年 3 月，财政部推出的补贴政策标志着中国光伏产业政策将逐渐补位。中国光伏发电应用市场的大门已经开启，国内光伏应用市场有望像德国、西班牙等国一样进入政策推动下的快速发展阶段，中国光伏产业有望形成生产强国、消费大国的格局。今后一个时期，中国应在包括科技攻关、人才开发、融资服务、物流等在内的配套政策方面加大扶持力度，为新能源产业的健康快速发展营造一个良好的环境。

7.7.2 加大自主创新和联合创新力度

低碳生产的实现需要低碳技术的支撑，而低碳技术的研发需要企业自主创新或者和其他高等院校，科研机构合作进行联合创新。

A 型企业在现有基础上加大对电动汽车关键技术的研发投入，扩大电动汽车资金规模；积极推动企业主要研究力量形成合力，以联盟的形式形成团队争取国家电动汽车专项经费支持；集中企业技术力量，吸纳研究机构及专家，组建燃料电池汽车技术研究平台，通过联合攻关，形成良好的运作机制与相关科技创新平台的互动。

B 型企业 2008 年成立了企业高新技术研究开发中心，主要开发高新技术中高效节能技术应用于节能减排项目；应用高新技术对冶金、建材、石化等行业的传统工艺进行余热利用和烟气净化技术的改造；对企业引进的高新技术成果进行消化、吸收和创新。企业专利管理制度健全，建立了有效的专利申请、管理、保护、运用以及专利信息利用机制。目前公司已获 6 项专利技术授权证书，正在申请的有 5 项。另外公司和高校热能工程研究所开展产学研合作，成立了国家水煤浆工程中心燃烧技术研究所和能源清洁利用国家重点实验室；并与杭州某集团进行技术合作不断开发节能减排领域的新技术、新工艺。自主创新和联合创新的结合是 B 型企业不断前进的源泉。

　　D 型企业为了解决污泥的处置问题，与高校热能工程研究所合作，经过五年多的开发，联合研制出了具有自主知识产权、高效节能的以化学配方为核心技术的污泥脱水干化的关键设备及焚烧处理技术（已经申报了 1 项国家发明专利、5 项实用新型专利）。

　　案例企业通过自主研发或者与科研院所联合研究而拥有了低碳生产的核心技术，这是企业竞争力的重要支撑。在杭州市打造低碳城市的进程中，要鼓励企业根据自身实践开展自主研发或者联合研发而获得先进的技术。这些先进的节能技术是低碳生产的重要支撑。

8 低碳消费模式案例研究

8.1 杭州低碳出行的免费公共自行车

8.1.1 背 景

公共自行车在中国是个新兴事物，但作为倡导低碳生活消费的今天，这种绿色环保的出行方式将会成为主导。"低碳、绿色"出行作为一个低碳城市的必要表征之一，它在缓解一个城市的交通拥堵状况发挥着重要作用。当然，低碳、绿色出行也要依靠一个城市政府的基础投入以及市民的综合素质，尤其依赖于市民生活消费模式的转变，把低碳生活消费的理念融入到自己的日常吃穿住行中。低碳交通消费模式选择，取决于客观和主观两方面因素，客观上依赖于城市低碳交通的基础设施及其便利情况，主观上则依赖于消费者自身的消费理念。

杭州市作为全国著名旅游消费城市，其城市交通一直成为其亟需解决的瓶颈问题。市政府一直为其低碳绿色交通做了大量准备和铺垫工作，2007 年，"绿色出行"开始受到市民关注。举办了"公交周"及"无车日"活动，倡导绿色出行，获得广泛好评。2008 年 5 月，杭州市又在全国率先运行公共自行车租赁系统，将自行车纳入公共交通领域，意图让慢行交通与公共交通"无缝对接"，破解交通末端"最后一千米"难题。截止 2011 年底，杭州市在主城区设有租赁服务点 2051 个，投放公共自行车 5 万辆，日租用量最高达 32 万次，每辆车日均租用量 5 次，超过发达国家公共自行车的租用量。

8.1.2 运营方式

杭州市构建的公共自行车交通系统，是按公共服务定位进行谋划，在国内尚无先例，与国外的公共自行车系统也有所不同。整个公共自行车交通系统依托公交模式，按照"政府引导、公司运作、政策保障、社会参与"的原则构建。发展杭州市公共自行车系统体系，构建公共交通与自行车换乘(B + R)及停车换乘(P + R)组合交通模式，是延伸公交服务，提高城市公共交通机动性和可达性，吸引小汽车出行者改变出行方式，节约道路资源、减少环境污染、缓解"出行难"问题的重要措施，也是市委、市政府坚持"以人为本，以民为先"，实施公交优先，提升城市知名度和美誉度的又一重大理念创新。

根据"一次规划，分步实施"的要求，公交已于 2008 年 5 月 1 日起在景区、城北、城西范围内以公交首末站为核心，以名胜区、小区、商家、广场等为结点设多个试点区，并设置 62 个租车服务点。慢慢地，一辆辆橘红色的小车进入了杭州人的生活。它们停在公交车站边，停在小区门口，停在单位的门口，停在每一个景点旁边。主城区平均 300 米左右就有一个租车点。同时，系统还在不断扩张中，计划到 2015 年，服务点达到 3500 个，自行车达到 9 万辆。服务布点围绕市民日常生活。调查发现，杭州市公共自行车的主要使用者是常住在此的市民和打工者，租车高峰都发生在工作日的早晚高峰，租用量占全天租用量的近一半。在服务点布点上，公共自行车采用的是"四结合一公示"方式，"四结合"指城管、交警、公交和街道社区四部门共同选点，"一公示"是指基本选定的服务点需在杭州各大媒体公示 7 天，无异议才能施工。由此选出的服务点，绝大多数围绕市民日常生活展开。现有服务点中，公交车站附近的占41.2%，住宅区31.9%，商业网点5.8%，学校、医院占2.4%。此外，通过在租车点应用"多媒体信息查询系统"，市民可实时查看停车位空余情况，还能搜索其他各种交通信息和便民服务信息，大大提高了出行效率。

杭州市公共自行车系统由市公共交通集团运营，公交集团又专门成立杭州市公共自行车交通服务发展有限公司，具体负责运营。运营阶段的成本随着服务点不断增加，每年都在变化，预计每年超过 6000 万元。收入方面，今年服务点停车棚及自行车车身的广告经营权拍卖获得 2800 万元，加上服务亭出租等一系列商业开发，杭州公共自行车系统有望收支平衡。对公共自行车的使用者来说，公益性质意味着低收费乃至零收费。事实上，市民可用市民卡借还自行车，没有市民卡的打工者或游客则可以在服务点办一张 Z 卡，300 元押金，无工本费。租用费上，一辆公共自行车租用时间少于 1 小时，免费；超过 1 小时但少于 2 小时，收费 1 元；超过 2 小时但少于 3 小时，收费 2 元；3 小时以上，每小时收费 3 元。统计显示，9 成以上公共自行车单次租用都在 1 小时以内，属于免费使用。因此，从某种意义上说，免费使用极大地吸引了本地市民及外地游客使用这种低碳绿色交通工具的积极性。

8.1.3　成效及其社会评价

公共自行车缓解杭州交通拥挤效果非常显著，而且环保便捷，推进杭州市"低碳城市"建设。在街头巷尾，公共自行车凭借灵活快捷又有益健康的优势，不仅深受市民和游客青睐，更成了一道流动的红色风景线。从公共自行车推出后使用的情况来看，公共自行车作为绿色环保的交通出行方式，解决的远不是"最后一千米"，而是成了杭州人短途出行的主力军。也成为人们日常低碳出行可选的主要消费模式。公共自行车的日均租用已突破20万人次，最高日租用量32万人次，每辆自行车日均租用超过5次。随着公交自行车的使用率不断提升，说明低碳出行的消费模式已经开始深入人心，同时也作为转变市民低碳生活消费模式的契机和切入点。整个自行车系统在推进节能减排上成效也是十分显著。据初步测算，目前公共自行车平均租用时间约为0.56小时，每次出行里程按2千米计，全年CO_2减排量可达34500吨。

公共自行车交通系统已成为杭州市打造低碳城市的重要手段，它不仅改变了广大市民的出行方式，也改变了整个城市的发展模式。在2010年全市10项民生工程的市民满意度随机调查中，该项目以99%的满意率遥遥领先。同时为国内外其他低碳城市建设提供示范效应，已成为杭州市一张声名远播的城市名片，国内外数十个城市先后来杭实地考察，纷纷邀请杭州市公共自行车公司到当地协助建设公共自行车系统。据了解，目前杭州市已与全国13个城市或社区签订了公共自行车承建合同。潜在客户更多。一年中杭州公共自行车公司共接待来自国内外的65个考察团，国外城市如加拿大温哥华、美国华盛顿、印度新德里，以及我国香港、台北、北京等地，苏浙两省各市更是几乎悉数到场。业内专家估计，今年末，全国将有超过20个城市运营公共自行车系统，"十二五"末则将超过100个。

8.1.4　启示与意义

（1）低碳出行的消费模式依赖于所在城市的基础设施的建设，这是低碳交通的物质基础。这需要当地政府财政前期的大力投入和有步骤的合理规划，需要多部门以及社会组织（包括营利和非营利）协调合作，统筹安排。这是一项复杂的基础设施建设工程，要做到以下五个方面。一是设计的人性化，考虑民众的便利性；二是管理的现代化，使管理者和使用者都得到便利，有效控制节约运营和使用成本；三是经营市场化，尽量做到收支平衡，这是可持续发展的根本保证，也是市场和公益的结合典范，更是民众选择低成本出行方式的有效保障。四是运作制度化，这是一项多主体参与的工程，其运作程序的制度化，是其有效、协调、持续运营的重要前提。五是服务大众化，覆盖全市的服务点建设，扩大收益和影响面，才有可能成为民众首选的低碳交通消费模式。

（2）低碳出行模式的选择依赖于人们生活消费理念的转变。人们消费理念和模式的转变需要一个过程，依赖于民众的自身综合素质以及周边人文环境的氛围。杭州市作为全国著名的低碳示范城市，成功的实现了低碳生活消费理念的导入、宣传普及、切入落实、提炼深化。有效的利用了舆论宣传工具，提倡低碳出行的理念，切实的抓住细节落实，点面结合，全民参与，使低碳生活和消费成为一种主导消费理念和时尚。

（3）低碳环保的交通方式符合"两型"社会的内涵。杭州市提出了建设"生活品质之城"的宏伟目标，而倡导节能减排，推行低碳生活方式的低碳城市可以促进生活品质之城的发展。公共自行车交通体系既是杭州市实现低碳城市的便利途径之一，更是提升城市生活品质、改善人居环境的内在目标。据测算，一个人开车上下班，行驶 10 千米要排碳近 2.73 千克，以每天 3 万人次放弃轿车选择免费单车出行来计算，一天可减少的排碳量为 8.19 万千克，一年就是 2989 万千克，相当于增加 700 万平方米的绿地。而且，单车出行还可节约能源、降低噪音、减少污染。

（4）免费租用的公益服务是打造民生政府的重大举措。自行车租用实行一小时之内免费，这种公益性服务覆盖整个城区，惠及家家户户，是打造民生政府的重大举措。降低公众出行成本，方便公众出行，让市民低碳生活消费得到实惠和便利。

（5）健康时尚的出行方式展现现代生活的品质。骑自行车既是一种健康环保的出行方式，也是一种强身健体的运动方式。在法国巴黎、英国伦敦、澳大利亚的悉尼等西欧发达城市，以及国内的一些重要城市，自行车出行已渐成时尚。杭州市要打造以低碳为主要特征的生态宜居城市，建立公共自行车租赁系统更合时宜，它的成功实施定会成为城市文明的象征，一张闪光的"名片"，成为杭州市民品质生活的重要内容。

（6）杭州的公交自行车低碳环保交通方式是国内首例，其旗帜和示范作用意义深远。运行成功后，国内诸多重要城市开始学习其成功经验，作为其城市实现低碳环保交通重要实现途径之一，同时把低碳交通的理念由点及面推广到全国。

8.2 低碳示范社区——下城区

8.2.1 背景与意义

下城区地处中国经济最发达和最活跃的长三角经济圈内，是浙江省省会城市——杭州市的中心城区。下城区东临古城河——贴沙河、沪杭铁路，西至环城西路、京杭运河、上塘河，南起庆春路，北至上塘河。现辖 8 个街道，下设 71 个社区，全区土地面积 31.46 平方千米，户籍人口 40.1 万人，是浙江省的商贸、商务、金融、文化和会展中心，是长三角南翼人流、物流、资金流和信息流的主要枢纽。近几年来，已有世界 500 强企业 17 家、国家和民营 500 强企业 18 家进驻下城区。2010年，实现地区生产总值（GDP）460.54 亿元，城区经济总量在全省 90 个区（县、市）中位列前 10 强。

同时，分析下城区碳排放数量及其结构，对低碳社区建设意义非凡。这里借鉴 IPCC 温室气体排放清单编制指南，"生产－消费模式'下的下城区的 CO_2 排放总量计算公式如下：

二氧化碳排放量＝工业碳源＋移动碳源＋楼宇碳源＋家庭碳源＋其他碳源－绿化碳汇。

下城区 2009 年碳排放总量核算为 195 万吨。

下城区 2009 年万元产值（GDP）碳排放强度为 472.2kg/万元。

下城区 2009 人均排放量（按万人计算）碳排放强度 4.81 吨/万人。

详细如下：

（1）家庭碳源 50.2 万吨：家庭用电、用气。

（2）移动碳源 54.1 万吨：私家车年排放 21.5 万吨，社会车辆 32.6 万吨。

（3）楼宇碳源 56.6 万吨：楼宇用电产生的碳排放。

（4）工业碳源 13.2 万吨：排放量 = Σ 能源消耗量 $*$ CO_2 排放系数。

（5）其他碳源 22.1 万吨：大中小学、各类医院、政府机关、事业单位。

（6）绿化碳汇 -1.2 万吨：1 公顷城市树木固碳能力在 850 -950kg/年左右。

从以上数据可以看出，其中由市民生活消费造成的碳排放占有很大比重，从这个意义上讲，市民的低碳理念的打造，低碳生活消费模式的转变对节能减排有着举足轻重的现实意义。

8.2.2　建设基础

（1）产业结构的低碳调整打造了市民低碳生活空间，使"三高"企业远离人们生活居住的空间。"十一五"期间，通过限制和推进节能减排，淘汰了一批高能耗、高排放、高污染的产业，先后有 121 家企业外迁，规模以上工业企业通过产业结构调整和"退二进三"，减少碳排放量 37.9 万吨，占全区碳排放总量的 20.4%。2009 年下城区规模以上工业企业综合能源消耗总量 4.7 万吨标准煤（等价值，下同），与 2004 年的 18.8 万吨标准煤相比，总能耗下降了 74.97%。全区万元工业总产值能耗由 2004 年的 0.141 吨标准煤下降到 2009 年的 0.045 吨标准煤，降幅达 68.1%，节能降耗成效卓著，为创建"低碳下城"奠定了重要的基础。

（2）低碳经济的大力发展成为市民低碳生活消费的经济依托。下城区大力实施"服务业导向"的都市经济发展战略，把服务业作为首位经济。通过打造商贸、金融、会展、文化"四大中心"，实现"服务业大区"向"服务业强区"转变。2010 年下城区实现地区生产总值（GDP）460.54 亿元，其中服务业增加值 354.8 亿元，服务业占 90%。新兴服务业有产品研发、建设设计、广告创意、咨询策划等文化创意产业。因此，以现代服务业主导的都市产业结构为"低碳城区"奠定了重要的产业基础。同时楼宇经济成为第三产业和现代服务业的新亮点和新引擎，2010 年税收超千万元楼宇达到 50 幢，税收超亿元楼宇达到 12 幢，形成了具有低碳耗、低能耗、低污染、高产出特点的楼宇经济发展模式。

（3）多点切入的低碳项目推动了市民低碳生活消费模式的转变。下城区 2004 年启动生态区建设，2005 年创建省级可持续发展实验区，2008 年 2 月，被国家科技部正式确定为国家级可持续发展实验区，成为浙江省首个城区型国家可持续发展实验区。近年来，下城区积极探索绿色、生态和低碳发展。低碳产业发展迅速，如金融、信息软件、文化创意、科技中介服务等，生态区建设全面开展，争创绿色街道、绿色社区、绿色学校、绿色医院、绿色家庭等"绿色系列"项目，家用节能灯和节能电器使用率大幅提高，实施"阳光屋顶计划"，推进太阳能光伏发电示范建设，加大低碳宣传力度，公众参与"低碳行动计划"，居民低碳出行，低碳理念通过社区、学校、媒体等传播深入人心。

（4）城市数字化拓展了市民低碳生活消费模式的新空间。多项举措实现数字化低碳城区建设，如：推进"数字政务"，实施政务公开，提高服务效率；健全"数字社区"，加强社区与居民之间的交流和沟通；实现"数字城管"，提升了城市管理水平；构建"数字医保"，对社区居民的医保实行动态管理及医保系统的信息管理资源共享；形成"数字商务"，引导推动网上市场交易；促进"数字商店"，运用"网购"，实现了"低碳购物"。

8.2.3 低碳城区建设的举措及其成效

（1）市区联动：实现低碳交通。由市、区联动建设的免费单车服务系统，在政府引导下，通过市场化运作成为下城区推进节能减排低碳的重要举措。在全区公交站点、主要干道沿线、商务区、居民区等人流量大的地方共设置了 390 个服务点，免费单车锁蹲 9000 多个。所有的租车和还车信息全部实现智能化网络系统管理，租车者只要手持一张市民卡，在自行车读卡控制器上读一下即可取车，可以在任意租赁地点进行还车。早上 6 点和晚上 9 点都能借车，实行一小时内免费政策，彻底方便市民"点到点"出行，成为民众最方便、最节省、最受用、最低碳的交通工具，真正起到了节能减排、缓解交通压力的作用。

（2）管理创新：低碳楼宇示范。银泰百货推行能源使用管理模式。该商场委托远大能源公司全权管理。通过原燃油锅炉改造成天然气锅炉后，热效率提高，运行成本降低（当年降低成本 100 多万元）。在 1~9层商场（5000 平方米营业面积）公共区域部分将原来的 28w 节能灯，投入 152 万元更换 12wLED 节能灯 4356 只，节能效果十分明显。杭州大厦、浙江大酒店也率先进行低碳客房的改造项目，以"健康、舒适、节能、环保"为产品导向，通过改用节能灯、采用环保装饰材料、锅炉改造等一系列措施节能减排，在提升客房舒适度的同时，也大大节约了能源消耗。

（3）科技创新：建立低碳科技项目经费投入机制。近几年下城区支持企业申报国家科技部节能减排 5 个创新基金项目，经费 400 万元，如：浙江联池水务设备有限公司的"高校污水深度处理回用成套装置"、杭州美亚水处理科技有限公司的"循环回用高纯水生产设备"、浙江经茂节能技术有限公司的"面向中小企业的高效节能技术服务平台"、杭州嘉隆气体设备有限公司的"多塔节能性 CNG 脱水装置的研究与开发"等。2009 年 17 个项目获得国家创新基金项目 1360 万元资金支持。

（4）面点结合：多维试点（示范）推进方法。

①低碳社区试点。创建低碳社区是下城区创建低碳城区的重要组成部分，下城区研究制定了低碳社区考核（参考）标准，第一批启动 11 个社区的低碳社区创建，采取了"政府推动、社区主体、部门联动、全民参与"的工作机制。建立了创建低碳社区和街道两级指导小组、社区领导小组，落实每个社区 2.5 万~3.5 万元试点经费，共计 31 万元，试点工作分调查摸底、组织实施、总结表彰三个阶段进行。采取了安装峰谷电表、节能灯推广使用、社区绿化、安装太阳能、科普画廊、垃圾分类、低碳理念宣传等 24 个方面的试点。

②低碳设施试点。依托现有城市综合体配套的超市、停车场等资源建设充电站、充换电站、配送站、独立充电桩满足电动汽车的能源供应。阳光屋顶计划，在多个试点社区屋顶安装太阳能热水器，全面实现小区热水到户。推广生活垃圾分类，不少试点社区成立义务督导队，进行义务宣传和监督，同时制作发放了精美的宣传册和"垃圾分类"温馨卡，让大家从身边的小细节做起。建造垃圾生态房，利用生物技术培养细菌、微生物对垃圾进行处理，做到不脏、不臭、不耗能、无污染。

③低碳家庭试点（示范）。家庭是组成社会的基本元素，对推动低碳城区建设起着基础性的作用。下城区积极探索低碳家庭的评判标准和方法，研究制定了"低碳（绿色）家庭参考标准"，建立"低碳家庭"创建制度、"家庭低碳计划十五件事"，同时印制了大量《家庭节能妙招》，通过各种途径发放给广大家庭，全力开展"低碳家庭创建"活动。同时进行"示范低碳家庭"的评选，并进行鼓励表彰。

(5)低碳行动－公众参与。针对城区碳排放第二大领域的交通，特别是快速增长的私家车，启动了"低碳出行－每周少开一天车"大型公益活动，号召辖区机关干部、企事业单位职工、社区居民中的有车族积极参与活动。各街道、社区、单位都用电子显示屏、宣传橱窗、横幅等多种宣传阵地，用多种创新方法向车主发放"每周少开一天车"的倡议书等宣传资料，如利用早晨社区内私家车还没出行之时，印刷小卡片插在汽车挡风玻璃上，告知私家车主参与低碳出行，宣传绿色交通、健康生活的理念，引导大家树立低碳、绿色、环保的价值观、时尚观。10000 多名车主签订了"绿色出行"承诺书，主动每周少开一天车。

8.2.4 启示与借鉴

本案例涉及面广，市民作为城市生产消费活动的主体，从市民生活消费模式角度探讨低碳城区建设有很大的必要性和现实性，同时也是低碳城区建设主要的切入点，下面是关于影响民众生活消费模式因素的见解。

(1)现代科技是一把双刃剑，彻底改变了人们生产、生活、消费模式，其利弊不能一言而概之，尤其在低碳生活消费方面体现的更是淋漓尽致。现代交通工具的便利逐渐取代了人们原来低碳的步行、自行车出行方式，现代交通工具已经成为当前城市的重要碳源之一，也改变了城市的生活交通环境，这是科技带来的不利影响。低碳城市的建设倡导低碳出行方式，鼓励人们短途乘骑低碳交通工具自行车，当然这并不是对现代科技的抵制，相反没有现代信息技术的支撑，对公交自行车的管理运营会带来很大的障碍和不堪重负的成本，反而变得不低碳。所以现代科技利用关键在于运用的方式和途径，这种情况在新能源、新技术应用方面不胜枚举，如太阳能、生态垃圾房等等。

(2)政府的低碳理念导入和低碳措施落实是市民低碳生活消费模式的基本保证。就微观而言，市民的低碳生活消费模式是自身的事，但是换个角度看，任何一个成功的低碳城市、城区、社区的形成，随处可见有着强大执行力政府的身影。低碳生活消费涉及各个层面和众多主体，任何一个环节没有政府主导力量的参与，社会上的多种力量就无法形成合流，光靠市民本身无法快速形成共识和合力。政府的参与是城市低碳生活打造的必要保障，从低碳理念的导入、低碳理念的宣传、低碳城区的规划、低碳措施推进，任何一个环节政府的力量都不能或缺。

（3）公众低碳意识的深化直接影响低碳生活消费的态度。低碳城市的建设是全社会的事，引导并发动公众积极参与，从而使公众在参与过程中逐渐接受低碳生活消费意识，最终自发投入低碳生活消费活动并积极参与宣传推广。充分合理利用舆论宣传的工具，形成低碳文化的氛围，潜移默化，从细微处着手让公众真正体验到低碳生活的时尚和便利。

（4）低碳措施和低碳理念相结合渗透，推进低碳生活消费模式。任何一项没有思想和理念的举措是没有生命力和感召力的，无法得以维继，任何措施的采取同时也是一种理念的打造，能够深入人心，如下城区所提出的：发展以节能环保与生态宜居为目标的低碳建筑；构建以新能源利用为时尚的低碳照明；倡导公交低碳出行，促进电动汽车发展的低碳交通；引导以参与节能减碳社会公众行动为自豪的低碳生活；建设以资源节约和环境友好为特征的低碳社会和低碳社区。这些都是低碳理念和措施的结合典范。

（5）理念引领，细节入手，从细微处体现低碳生活消费模式。树立绿色、低碳发展理念，加快构建资源节约、环境友好的生产方式和消费模式，坚持以理念创新带动技术创新、体制创新、机制创新和管理创新，从细节入手，鼓励市民从我做起，从现在做起，从点滴做起，从节约一度电、一度水、一升油、一张纸开始走向低碳生活。引导人们合理消费，适度消费，摒弃各种浪费能源、高碳的消费方式和生活方式，堵住日常生产经营、生活消费中存在的能耗漏洞，使低碳成为一种新型的生产生活方式，把低碳创建工作落到实处。

9 森林碳汇模式案例研究

在国家林业局中国绿色碳基金资助下，2008 年临安实施了中国首个毛竹林碳汇造林项目，在碳汇造林方面进行了积极探索。2010 年 3 月召开的临安全市林业工作会议上，临安市委市政府率先提出了碳汇林业发展目标，指出，要加快发展碳汇林业，着力推动低碳经济发展，把森林碳汇放到与工业减排同等重要的位置，将发展碳汇林业作为应对气候变化的重要对策，摆上临安林业和节能减排工作的重要议事日程，努力争创全国首个碳汇林业示范区。并提出到 2020 年，临安林木蓄积量达到 1500 万立方米，森林生态系统碳储量达到 3500 万吨以上，森林年固碳能力达到 300 万吨以上。

9.1 临安森林资源及其碳汇潜力

根据临安市 2009 年度森林资源动态监测报告，全市林业用地面积 260563.87 公顷。其中：森林面积 243484.33 公顷，疏林地面积 761.27 公顷，其他灌木林面积 3477.4 公顷，未成林地面积(含未成林造林地和未成林封育地)5773.8 公顷，苗圃地面积 98.67 公顷，无立木林地面积 5532.07 公顷，宜林地面积 1326.8 公顷，林业辅助生产用地 108.93 公顷。全市森林覆盖率(有林地和国家特别规定的灌木林地面积之和占全市土地总面积的百分数)达到 77.7%。

森林面积中，乔木林面积 181951.13 公顷，竹林面积 55777.4 公顷，国家特别规定灌木林面积 5756.4 公顷。全市活立木总蓄积 10294798 立方米，其中：森林蓄积 10207293 立方米，占活立木总蓄积的 99.15%；疏林蓄积 9244 立方米，占 0.09%；散生木蓄积 60860 立方米，占 0.59%；四旁树蓄积 17401 立方米，占 0.17%。

根据临安市 2004 年森林资源清查小班资料、不同树种的生长量测定资料和 2009 年度森林资源动态监测结果，按不同树种或者不同林分类型采用蓄积量扩展法、平均生物量法、生物量(碳储量)模型法等进行计算和分析，得出：临安全市乔木林（含乔木型经济林）面积181951.13公顷，蓄积10207293立方米，生物量碳储量（含地上、地下生物量）4627132.33吨碳，乔木林单位面积生物量碳储量为25.35吨碳/公顷；单位蓄积生物量碳储量为0.453吨碳/立方米。临安市全市疏林地、四旁、散生木总蓄积87505立方米，生物量碳储量（含地上、地下生物量）44136.736吨碳，单位蓄积生物量碳储量为0.504吨碳/立方米。临安全市灌木林（地）面积9233.8公顷，现存生物量碳储量69432.22吨碳。临安全市竹林面积55777.4公顷，现存生物量碳储量886936.57吨。其中：毛竹林面积21838.53公顷，毛竹株数（含散生毛竹）580995株，现存生物量碳储量549469.063吨，分别占全市竹林面积和生物量碳含量的39.2%、62.0%；早竹林面积21637.6公顷，现存生物量碳储量264398.226吨，分别占全市竹林面积和生物量碳含量的38.8%、29.8%；其他杂竹林面积12301.27公顷，现存生物量碳储量73069.280吨，分别占全市竹林面积和生物量碳含量的22.0%、8.2%。临安全市有林业用地面积247723.6公顷，森林土壤碳储量总量为23730375.72吨碳。

根据估算，临安森林生态系统碳储量总量为29358013.57吨，其中森林生物量（地上、地下）碳储量为5627637.85吨，森林土壤碳储量总量为23730375.72吨碳。

9.2 森林碳汇的实践——临安毛竹碳汇林项目

9.2.1 造林公司

临安富得宝农林开发有限公司是一家以毛竹碳汇林为主要经营对象的股份合作制公司，该公司于2007年由三家公司投资合作成立，注册资金50万元。公司通过租赁当地集体荒山的形式获得土地面积46.7公顷，租赁时间为40年，每年每公顷地租金300元，所有土地均已经改造为毛竹碳汇林。公司自2007年进行毛竹碳汇林造林以来，已经投入400万元，但目前还没有获得任何碳汇收益，公司的主要资产就是山上新造的毛竹林。公司现有固定员工10人，在毛竹林除草时间会雇佣临时员工8到20人不等，员工主要为当地百姓。

毛竹碳汇林项目由富得宝公司、浙江农林大学和临安市林业局合作完成。具体角色分工为：富德宝农林开发有限公司负责造林和记录等；浙江农林大学负责监测、计量、认证等工作；临安市林业局负责技术指导；国家林业局负责核查和验收。

9.2.2 毛竹碳汇林项目

碳汇林项目于 2007 年 9 月开始整地经营，计划项目面积为 46.7 公顷。2007～2009 年公司用于该项目的员工人数分别为 60 人、40 人、10 人余人。2009 年以后 10 年都将稳定在 10 人左右。公司一次支付 47.7 公顷 40 年的承包费用 86 万元(每公顷每年承包费用 300 元)。该片毛竹碳汇林位于严家村(约 40 公顷)和松溪村(6.7 公顷)2 个村，在碳汇林项目开展前所在地块为是村集体荒山林。

根据碳汇林项目的要求，应做到不施肥或尽量少施肥，尽量施有机肥，施肥量要记录，砍伐也要记录，以计量排碳量；林下要干净，但草不能烧，不能用杀虫剂，尽量用人工除草；山上、山下要保持一部分荒山林以保持水土。

9.2.3 临安毛竹碳汇林项目成本收益

富得宝农林开发有限公司从开始投资于毛竹碳汇林以来，已经发生的成本主要包括：租用集体林地成本(每公顷每年 300 元)、整地成本、种苗成本(加运费每株 25 元)及部分管护成本(每年 1 万元)。在租赁期的 40 年间预期发生的成本还包括，日常管护成本、除草(每人每天工资 70 元，最初 5 年每年需 10 人工作 8 个月；接下来 5 年约降低一半，10 年成林后不需要除草)、竹材采伐成本和残叶清理成本(成林后每年每公顷需 2250 元)等。

目前，该毛竹碳汇林项目因还处于初期的抚育阶段，没有采伐竹材获得竹材收益，因此 40 年的竹材收益是潜在收益。而中国绿色碳基金投资 60 万元，规定前 20 年的竹林碳汇收益已归中国石油公司所有，因此，后 20 年的碳汇收益是潜在收益。临安市政府对该碳汇林项目给予了连续 3 年的每公顷 1500 元补贴。根据毛竹碳汇经营专家提供的测算方法，计算得到毛竹碳汇林未来 20 年的固碳总量为 6393.31 吨碳，按目前碳汇项目的碳价格 15 美元/吨碳，汇率 6.8264 元/美元计算，得到未来 40 年的碳汇总收益现值为 6393.31 吨×15 美元/吨×6.8264 元/美元×2 = 1309298.7415 元，此数值再减去由中石油投资 60 万买去的前

20 年的收益值，即 709299 元。

表 9.1 项目的预期成本和收益

预期成本(以 40 年租期计算)		预期收益(40 年后总收益)	
成本类别	成本(元)	收益来源	收益(元)
林地租金	572000	竹材收益	12870000
整地成本	350000	碳汇收益(后 20 年的)	709299
种苗成本	893750	临安市政府补贴	214650
种植成本	357500	绿色碳基金投资	600000
日常管护成本	400000		
除草及残叶清理成本	4477500	总收益	14393949
总成本	7050750		

资料来源：专家访谈和富得宝公司关键信息人访谈

9.3 森林碳汇模式存在的问题

森林碳汇模式是国际上普遍认同的、节能减排成本有效、发展低碳经济的有效模式。森林碳汇模式作为一种发展低碳经济成本低廉的模式，正得到政府部门、特别是林业部门日趋重视，不少企业考虑到节能减排的成本问题，开始投资营造碳汇林或者购买可核证的森林碳汇量。但森林碳汇模式自身及通过森林碳汇模式发展低碳经济也面临着众多的问题，具体表现在以下方面：

（1）不确定性。森林生态系统的碳计量首先是方法学和基线确定的问题，就目前来看，不同的方法学对同一片森林生态系统的计量结果就有很大差异；其次，森林生态系统的碳固定还存在碳泄漏问题，如果对碳汇林项目的碳泄漏部分检测不准确，就会引起碳储量计量结果很大的不确定性；还有可交易的碳汇量是碳增量还是碳储量问题，如对毛竹林，如果可交易的碳汇量是每年的碳汇增量，那么由于其生长速度快，其碳汇量相比其他树种会很大，但如果仅仅考虑一定范围内的碳储量，那么其和一般森林生态系统相比就没有任何优势。

（2）风险性。森林经营周期长和受自然灾害影响因素大的双重特点，导致通过森林碳汇模式来实现节能减排、发展低碳经济存在很大的风险性。从整地、育苗，到森林管理成林，一般需要 20 年左右的时间才能实现其早期的投资成本得到回收，即使是生长速度较快的毛竹林也需要 16 年左右的时间，但这期间发生任何大的自然灾害都可能对将来的收益带来很大的损失。因此，一般企业不愿意选择自己投资营造碳汇林，而一般农户在没有得到补偿的情况下也没有动力来增加森林面积或改善森林经营来提高森林生态系统的碳储量。

9.4 影响森林碳汇模式选择的因素

目前，通过森林碳汇模式实现节能减排，发展低碳经济已经成为党和政府发展林业的重要内容，但中国还是发展中国家，还有众多因素影响着这种模式选择。

（1）政府部门的重视程度。森林碳汇模式作为节能减排、发展低碳经济的成本有效模式，在中国尚处于探索阶段，需要政府在意识上重视，技术上加大投入，资金上给予倾斜，宣传方面需要加强。没有政府的支持和推动，森林碳汇模式这种新型模式就很难推广。

（2）经济发展水平。地方经济发展水平，决定着政府的财政收入水平和对森林碳汇模式财政支持能力的大小，影响着政府选择扩大森林面积来增加森林碳汇还是发展工业来振兴现实的经济；当地方的经济发展水平较高时，政府就有可能有更加充裕的资金来支持森林碳汇的发展，政府也会更加注重环境保护，用更多的土地去扩大森林面积，而不是发展工业。

（3）森林资源状况。当一个地区的林业用地面积较大，现有森林资源丰富，并且宜林地面积较大时，就越有可能选择森林碳汇模式来作为节能减排、发展低碳经济的模式，因为较大的森林面积其碳汇能力和改善经营后的森林碳汇潜力就较大；宜林地面积大时，新造林可用的土地面积就大。在这种情况下，选择森林碳汇模式可能带来的收益相对也大。

（4）公众的认识程度。森林碳汇模式作为地区发展低碳经济的模式，必须得到广大公众的普遍接受。公众对气候变化和森林碳汇功能的认可程度高，当有一定的经济能力时，就会支持这种模式，可能成为森林碳汇的重要需求者和购买者，森林碳汇的生产者也会得到更多的补偿，这种模式市场补偿的可能性就会加大。

9.5 启示与借鉴

综上所述，临安市已经提出了发展碳汇林业的设想，并且政府对碳汇林业的发展开始进行规划；在中国绿色碳基金的资助下，全国第一块毛竹碳汇林项目已经落户临安，在选择森林碳汇模式方面进行了大胆的探索；杭州市具有政府支持、经济发展水平较高、森林资源丰富、公众认知程度较高等基础，在发展森林碳汇模式方面有以下启示可供借鉴：

（1）政府重视，科学规划。临安市具有发展碳汇林业的先天优势，临安碳汇林业的发展首先得到了市委市政府的高度重视，临安市林业局组织临安市政府和浙江农林大学专家编写了临安碳汇林业发展的规划，对全市碳汇林业的发展进行了全面规划，实现碳汇林业发展的有序性和科学性。为此，杭州市碳汇林业的发展可以临安碳汇林业发展为借鉴，进行全面的科学规划，选择重点，逐步实施。

（2）市场运作，多方支持。毛竹碳汇林项目得到了中国绿色碳基金、临安市政府的资金支持和浙江农林大学的技术支持，正是这种多方支持，才使碳汇造林成为可能。同时，吸引公司进行市场运作，46.7公顷毛竹碳汇林，在20年后可以实现净收益7343199元，调动了公司的造林积极性，取得长远的经济效益；同时，通过选择森林碳汇模式，促进低碳经济的发展，为打造低碳城市作出贡献，获得良好的社会生态效益。

（3）广泛宣传，多方参与。通过广泛宣传，增强普通公众和其他森林碳汇需求者对森林碳汇模式的认识，从而逐渐拓展发展森林碳汇的融资渠道，为发展碳汇林业提供更多的资金支持。

参考文献

[1]诸大建，陈飞．上海建设低碳经济型城市的研究[M]．上海：同济大学出版社，2010，09．

[2]中国环境与发展国际合作委员会．低碳经济和中国能源与环境政策研讨会会议概要[Z]．内部材料，2007(5)．

[3]张坤民．低碳世界中的中国：地位、挑战与战略[J]．中国人口·资源与环境，2008，18(3)：1-7．

[4]谢进．发展低碳电力是减少碳排放、电力工业可持续发展的要求[N]．人民日报，2008-07-07(15)．

[5]吴建国，张小全，徐德应．土地利用变化对生态系统碳汇功能影响的综合评价[J]．中国工程科学，20035(9)：65~71，77．

[6]李顺龙，郭松．法国实施"木材能源-碳汇"示范项目[J]．绿色中国，2004(4)：58-60．

[7]李怒云，宋维明．气候变化与中国林业碳汇政策研究综述[J]．林业经济，2006(5)：60-64．

[8]许文强，罗格平，等．天山北坡绿洲土壤有机碳和养分时空变异特征[J]．地理研究，2006(6)：1013-1022．

[9]李怒云，徐泽鸿，等．中国造林再造林碳汇项目的优先发展区域选择与评价[J]．林业科学，2007(7)：5-9．

[10]李新宇，唐海萍．陆地植被的固碳功能与适用于碳贸易的生物固碳方式[J]．植物生态学报，2006，(2)：200-209

[11]中国科学院可持续发展战略研究组．中国可持续发展战略报告．科学出版社．93．

[12]夏堃堡．发展低碳经济，实现城市可持续发展[J]．环境保护，2008(2)：33-35．

[13]诸大建．低碳经济能成为新的经济增长点吗[N]．解放日报，2009-06-22．

[14]付允，汪云林，李丁．低碳城市的发展路径研究[J]．科学对社会的影响，2008(2)：5-10．

[15]李向阳，等．低碳城市理论和实践的发展、现状与走向[J]．甘肃行政学院学报，2010(3)：20-30．

[16]单晓刚．从全球气候变化到低碳城市发展模式[J]．贵阳学院学报(自然科学版)，2010，(1)：6-13．

[17]刘志林，戴亦欣，等．低碳城市理念与国际经验[J]．城市发展研究，2009，

16(6)：1 - 7, 12.

［18］鲍健强, 苗阳, 陈锋. 低碳经济：人类经济发展方式的新变革［J］. 中国工业经济, 2008(4)：153 - 160.

［19］林诠. 建材产业结构调整的根本方向［J］. 中国建材, 2009(9)：24 - 29.

［20］国务院发展研究中心应对气候变化课题组. 当前发展低碳经济的重点与政策建议［J］. 中国发展观察, 2009(8)：13 - 15.

［21］宋雅杰. 我国发展低碳经济的途径、模式与政策选择［J］. 特区经济, 2010, (4)：237 - 238.

［22］刘文玲, 王灿. 低碳城市发展实践与发展模式［J］. 中国人口·资源与环境, 2010, 20(4)：17 - 22.

［23］陈飞, 诸大建, 许琨. 城市低碳交通发展模型、现状问题及目标策略——以上海市实证分析为例［J］. 城市规划学刊, 2009(6)：39 - 46.

［24］顾朝林等. 气候变化与低碳城市规划［M］. 南京：东南大学出版社, 2009. 07.

［25］洪群联, 李华. 我国低碳城市发展的思路［J］. 宏观经济管理, 2011(10)：39 - 40.

［26］张梅燕. 苏州建设低碳城市的路径研究［J］. 开放导报, 2011(01)：52 - 55.

［27］王继斌. 低碳城市的营建策略［J］. 环境保护, 2011(16)：41 - 42.

［28］张陶新, 周跃云, 赵先超. 中国城市低碳交通建设的现状与途径分析［J］. 城市发展研究, 2011, (1)：68 - 73, 80.

［29］崔健. 日本产业低碳竞争力辨析［J］. 中国人口·资源与环境, 2011, 21(09)：105 - 110.

［30］周国模. 森林城市——实现低碳城市的重要途径［J］. 杭州通讯(下半月), 2009, (5)：20 - 21.

［31］陈建国. 低碳城市建设：国际经验借鉴和中国的政策选择［J］. 现代物业, 2011, 10(2)：85 - 94.

［32］李云燕. 低碳城市的评价方法与实施途径［J］. 宏观经济管理, 2011, (03)：51 - 53.

［33］高雅. 珠三角绿色物流的创新发展之路［J］. 中国市场, 2010, 27(49)6 - 8.

［34］刘竹, 耿涌, 等. 基于"脱钩"模式的低碳城市评价［J］. 中国人口·资源与环境, 2011, 21(4)：19 - 24.

［35］赵国杰, 郝文升. 低碳生态城市：三维目标综合评价方法研究［J］. 城市发展研究, 2011, 18(6)：31 - 36.

［36］杜飞轮. 对我国发展低碳经济的思考［J］. 中国经贸导刊, 2009(10)：30 - 31.

［37］章宁. 从丹麦"能源模式"看低碳经济特征［J］. 科技经济透视, 2007(12)：50 - 56.

［38］潘家华, 牛凤瑞, 魏后凯. 中国城市发展报告［M］. 北京：社会科学文献出版

社，2009.

[39]庄贵阳．中国经济低碳发展的途径与潜力分析[J]．太平洋学报．2005(11)：
　　79－87．

[40]史立山．构建低碳经济发展模式的途径[J]．中国投资．2010(3)：84－86．

[41]杨丽．我国发展低碳经济机制主要途径探索．[J]．华中建筑．2010(11)：20－24．

[42]周树勋，沈海萍．浙江省低碳经济建设思路[J]．环境经济，2009(9)：47－49．

[43]丁丁，周囝．我国低碳经济发展模式的实现途径和政策建议[J]．环境保护与
　　循环经济．2008，(3)：4－5．

[44]高旺盛，陈源泉，董文．发展循环农业是低碳经济的重要途径[J]．中国生态
　　农业学报，2010，18(05)：1106－1109．

[45]王文军．低碳经济发展的技术经济范式与路径思考[J]．云南社会科学，2009
　　(4)：114－117．

[46]毛玉如，沈鹏，李艳萍，等．基于物质流分析的低碳经济发展战略研究[J]．
　　现代化工，2008，28(11)：9－13．

[47]万宇艳，苏瑜．基于 MFA 分析下的低碳经济发展战略[J]．中国能源，2009，
　　31(6)：8－11．

[48]任奔，凌芳．国际低碳经济发展经验与启示[J]．上海节能，2009(4)：10－14．

[49]邓子基．低碳经济与公共财政[J]．当代财经，2010，(4)：5－10．

[50]付允，马永欢，刘怡君，等．低碳经济的发展模式研究[J]．中国人口·资源
　　与环境，2008，18(3)：14－19．

[51]姬振海．低碳经济与清洁发展机制[J]．中国环境管理干部学院学报，2008，
　　18(2)：1－4．

[52]沈月琴．天保地区森林资源保护与经济社会协调发展的机理和模式研究[M]．
　　北京：中国林业出版社，2006．

[53]黄栋，李怀霞．论促进低碳经济发展的政府政策[J]．中国行政管理，2009
　　(5)：48－49．

[54]桂丽．中国政府发展低碳经济的政策选择[J]．改革与战略．2010，(26)11：7－9．

[55]康蓉，杨海真，等．发展低碳经济产业的研究[J]．环境经济，2009(6)：120－123．

[56]刘传江，冯碧梅．低碳经济对武汉城市圈建设"两型社会"的启示[J]．中国人
　　口·资源与环境，2009，19(5)：16－21．

[57]王维兵，刘苗．低碳经济与生态工业园[J]．中国商界，2008(11)：216．

[58]邢继俊．发展低碳经济的公共政策研究[M]．武汉：华中科技大学，2009：92－99．

[59]杨国锐．低碳城市发展路径与制度创新．[J]城市问题，2010(7)：44－48．

[60]马军，周琳，李薇．城市低碳经济评价指标体系构建[J]．科技进步与对策

2010(22)10：165 – 167.

[61] 邵超峰，鞠美庭. 基于 DPSIR 模型的低碳城市指标体系研究[J]. 生态经济.
　　　2010(10)：95 – 99.

[62] 万建华，戴志望，陈建. 利益相关者管理[M]. 深圳：海天出版社，1998. 33

[63] 陈宏辉. 企业利益相关者的利益要求理论与实证研究[M]. 北京：经济管理
　　　出版社，2004.

[64] 滕琳. 中小企业主要利益相关者关系质量、转向战略与转向业绩研究[D]. 长
　　　沙：中南大学硕士学位论文，2010，11.

[65] 李心合. 面向可持续发展的利益相关者管理[J]. 当代财经，2001(1)：66 – 70.

[66] 陈宏辉、贾生华. 企业利益相关者三维分类的实证分析[J]. 经济研究. 2004，
　　　(4)：80 – 90.

[67] 吴玲、贺红梅. 基于企业生命周期的利益相关者分类及其实证研究[J]. 成都：
　　　四川大学学报(哲学社会科学版). 2005(6)：34 – 38.

[68] 邓汉慧. 企业核心利益相关者利益要求与利益取向研究[D]. 武汉：华中科技
　　　大学博士学位论文，2005.

[69] 郝桂敏. 企业需求、企业实力对利益相关者分类的影响[D]. 长春：吉林大学
　　　硕士学位论文，2007.

[70] 陈柳钦. 低碳城市发展的国外实践[J]. 环境经济，2010(9)：31 – 37.

[71] 刘志林等. 低碳城市理念与国际经验[J]. 节能减排，2009(6)：1 – 7.

[72] 崔成，牛建国. 日本低碳城市建设经验及启示[J]. 中国科技投资，2010(11)：
　　　73 – 76.

[73] 孙佑海，丁敏. 低碳城市建设：国际经验及中国的选择[J]. 中国科技投资，
　　　2010(11)：37 – 40.

[74] 赵冬梅等. 剖析保定模式，论低碳城市建设[J]. 中国市场，2011(18)：90 – 91.

[75] 哥本哈根协议文件(全文). 2009 – 12 – 20[2011 – 2 – 15]. http：//www. sina. com. cn.

[76] 吴彼爱，高建华，徐冲. 基于产业结构和能源结构的河南省碳排放分解分析
　　　[J]. 经济地理，2010，30 (11)：1902 – 1907.

[77] 林伯强，刘希颖. 中国城市化阶段的碳排放：影响因素和减排策略[J]. 经济
　　　研究，2010，8：66 – 78.

[78] 碳税课题组. 我国开征碳税的框架设计[J]. 中国财政，2009(20)：38 – 40.

[79] 刘晔，耿涌. 低碳经济认识探析[J]. 中国人口·资源与环境，2010(20)10：
　　　123 – 128.

[80] 王中英. 中国经济增长对碳排放影响分析[J]. 安全与环境学报，2006，(5)：
　　　88 – 91.

[81]王灿，陈吉宁，邹骥．基于 CGE 模型的 CO_2 减排对中国经济的影响[J]．清华大学学报：自然科学版，2005，45(12)：1621 – 1624.

[82]朱永彬，王铮，庞丽．基于经济模拟的中国能源消费与碳排放高峰预测[J]．地理学报，2009(8)：935 – 944.

[83]林伯强．中国长期煤炭需求影响与政策选择[是]．经济研究，2007 年，(2)：48 – 58.

[84]王铮，朱永彬．我国各省区碳排放量状况及减排对策研究[J]．中国科学院院刊，2008(2)．：109 – 115.

[85]陈跃琴，李金龙．21 世纪源排放与大气 CO_2 体积分数预测[J]．环境科学研究，2002，15(2)：52 – 55.

[86]由文辉．上海市 CO2 排放及其减缓对策[J]．上海建设科技，1999(1)：17 – 19.

[87]赵敏，张卫国．上海市能源消费碳排放分析[J]．环境科学研究，2009(8)：984 – 989.

[88]张健，廖胡，等．碳税与碳排放权交易对中国各行业的影响[J]．现代化工，2009，(6)：77 – 82.

[89]孙建卫，赵荣钦，等．1995～2005 年中国碳排放核算及其因素分解研究[J]．自然资源学报，2010，25(8)：1284 – 1295.

[90]查冬兰，周德群．地区能源效率与二氧化碳排放的差异性：基于 Kaya 因素分解[J]．系统工程，2007，25(11)：65 – 71.

[91]陈立泰，张军委，万丽娟．重庆市碳排放量测度及影响因素分析：1998～2008[J]．探索，2010(3)：106 – 110.

[92]杭州市统计局．杭州市统计年鉴．北京：中国统计出版社，2001～2011.

[93]国家统计局能源统计司，国家能源局综合司．中国能源统计年鉴．北京：中国统计出版社，2010，12.

[94]何建坤，刘滨．作为温室气体排放衡量指标的碳排放强度分析[J]．清华大学学报：自然科学版，2004，44(6)：740 – 743.

[95]林德荣．森林碳汇服务市场化研究[D]．北京：中国林业科学研究院，2005.

[96]何英，张小全，刘云仙．中国森林碳汇交易市场现状与潜力[J]．林业科学，2007，43(7)：106 – 111.

[97]曹开东．中国林业碳汇市场融资交易机制研究[D]．北京：北京林业大学，2008.

[98]王耀华．森林碳汇市场构建和运行机制研究[D]．哈尔滨：东北林业大学，2009.

[99]彭喜阳，左旦平．关于建立我国森林碳汇市场体系基本框架的设想[J]．生态

经济，2009(8)：184－187.

[100]沈月琴，吴伟光，等．社区层面碳汇和生态服务管理的内涵和优先领域[J].
浙江林学院学报，2009，26(4)：561－568.

[101]蔡志坚．长三角地区公众森林环境服务付费意识的调查[J]．林业经济问题，
2006，26(6)：505－509.

[102]周仁都．SPSS 13.0 统计软件[M]．成都：西南交通大学出版社，2005.

[103]金晔，王万竹．低碳经济下低碳消费模式的推行[J]．南京工业大学学报，
2010，9(3)：71－79

[104]逯非，王效科，等．农田土壤固碳措施的温室气体泄漏和净减排潜力．生态
学报，2009，(29)09：4993－5006.

[105]李怒云，杨炎朝，等．气候变化与碳汇林业概述，开发研究，2009(142)3：95
－97.

[106]辛章平，张银太．低碳经济与低碳城市[J]．发展战略.2008，15(4)：98－102.

[107]付允，马永欢等．低碳经济的发展模式研究[J]．中国人口·资源与环境，
2008，18(3)：14－20.

[108]邹晶．低碳经济将成为人类社会第五次浪潮[M]．低碳经济论，2008，513－516.

[109]庄贵阳．中国经济低碳发展的途径与潜力分析[J]．国际技术经济研究，
2005，11：21－26.

[110]金涌，王垚，等．低碳经济：理念·实践·创新[J]．中国工程科学，2008，
10(9)：4－13.

[111]戴亦舒．中国低碳城市发展的必要性和治理模式分析．中国人口·资源与环
境，2009，19(3)：12－17.

[112]塔蒂安娜，伦敦气候变化署．低碳城市——从伦敦到上海的愿景[J]．城市中
国，2007(21)：91－92.

[113]Treffers DJ, Faaij APC, Spakman J, Seebregts A. Exploring the Possibilities for
Setting up SustainableEnergy Systems for the Long Term：Two Visions for theDutch
Energy System in 2050[J]. Energy Policy, 2005(33)：1723－1743.

[114]IPCC. In：Metz, B, Davidson, O, Swart, R, Pan, J. (Eds.). Climate Change
2001：Mitigation：Contributionof Working Group III to the Third Assessment Report
ofthe Intergovernmental Panel on Climate Change[M]. Cambridge University Press,
Cambridge, UK, 2001.

[115]Leung D YC, Lee Y T. Greenhouse Gas Emissions in Hong Kong. Atmospheric Envi-
ronment, 2000, 34(4)：4487－4498.

[116]Department of Trade and Industry. Our energy future － creating a low carbon econo-

my [R]. ENERGY WHITEPAPER, 2003.

[117] L A Costanzo, K Keasey, H Short. A Strategic Approach tothe Study of Innovation in the Financial Services Industry [J]. Journal of Marketing Management, 2003 (19): 259 -4281.

[118] M I Hoffert. Advanced technology Paths to global climatestability: Energy for Green house Planet[J]. Science, 2002, 298(5595): 981 -987.

[119] Malte Schneider, Andreas Holzer, Volker H Hoffman. Understanding the CDM's contribution to technologytransfer[J]. Energy policy, 2008, 36(8): 2930 -2938.

[120] Kawase R, Matsuoka Y, Fujino J. Decomposition Analysisof CO_2 Emission in Long - term Climate StabilizationScenarios[J]. Energy Policy, 2006, 34(15): 2113 -2122.

[121] Jenny Crawford, Will. French a low - car bon future: patial planning's role in enhancing technological innovation in the built environment[J]. Energy Policy, 2008 (2).

[122] Zero - carbon city planned for UAE. http: //www. lowcarboneconomy. com/community - content/ - low - carbon - news /668/ zero - carbon - city - planned - for - uae.

[123] Freeman R E. Strategic Management: A Stakeholder Approach [M]. Boston: Pitman, 1984 ~25.

[124] Charkham. J. Corporate Governance: Lessons from Abroad [J]. European Business Joumal, 1992, 42: 8 - 16.

[125] Clarkson M. A Stakeholder Framework for Analyzing and Evaluating Corporate Social Performance[J]. Academy of Management Review, 1995 (1): 92 -117.

[126] Mitchell A, Wood D. Toward a theory of stakeholder identification and salience: defining the principle of who and what really counts [J]. Academy of Management Review, 1997, 22 (4): 853 -886.

[127] YANG H Y. A note on the causal relationship between energy and GDP in Taiwan [J]. Energy Economics, 2000, 22: 309 -317.

[128] IPCC. 2006 IPCC Guidelines for National Greenhouse Gas Inventories: volume II [EB /OL], Japan: the Institute for Global Environment a Strategies, 2008. http: // www. Ipcc. ch /ipccrepaorts/ Methodology reprots. htm.

[129] Johnston D, Lowe R, Bell M. An Exploration of the Technical Feasibility of Achieving CO2 Emission Reductions in Excess of 60% Within the UK Housing Stock by the Year 2050[J]. Energy Policy, 2005(33): 1643 ~1659.

后 记

历经两年多的研究，《杭州市打造低碳城市的模式选择与发展策略》一书的写作正式告一段落。对于如何建设低碳城市这一崭新命题，系统研究罕见，对作者而言，是一项具挑战性和探索性的研究工作，在此过程中，收获甚多，感受颇深，但仍刚起步，这只是一个初步的探索，不足之处敬请专家学者指正。

此书得以付梓，许多人和单位给予了大力支持与无私帮助，在此表示深深的谢意。特别感谢浙江农林大学校长周国模教授在百忙之中亲自为本书作序，感谢杭州市哲学社会科学规划办将本研究列入重点课题给予资助，感谢杭州市科技局、临安市环保局等政府部门和相关企业在实地调研期间给予的大力支持和帮助，感谢浙江农林大学经济管理学院师生参与实地调研和数据资料整理等大量工作。我们参阅了一些国内外相关文献，这些文献作者的真知灼见使我们受益匪浅，有些已经标注，但仍有"挂一漏万"之虑，在此谨向所有参考的文献作者致以诚挚的敬意和衷心的感谢。

杭州市是东部沿海发达地区浙江省的省会城市，被国家发展和改革委员会列入全国首批低碳城市试点城市，其探索实践可为其他城市提供借鉴和示范。我们期待此专著的出版能够为低碳城市发展研究尽一点微薄之力，同时也将继续关注和深化低碳城市发展领域的研究，并真诚期望得到该领域专家学者的指点。

著 者